単位が取れる
解析力学ノート

橋元淳一郎

講談社サイエンティフィク

まえがき

　本書は，高校物理の知識で学べる解析力学の入門書である。

　解析力学というと，物理系の学生さんたちでさえ，馴染みの薄い，敬遠したくなるような物理の一分野だと思っておられるふしがある。じっさい，ニュートン力学の応用として質点系の力学や剛体の力学を学び終えた後に，付け足しのような形で紹介されることが多い。そんなわけで，「解析力学＝剛体の力学を難しく解く物理」などと誤解されているのかもしれない。しかし，この解釈は「大間違い！」である。

　解析力学は，一言でいえば，複雑な力学系の運動方程式を，機械的かつ簡単に立てるひとつの手法である。むろん，それだけではなく，自然法則とは何かという問いに，ある種の数学的・哲学的解釈を与える学問でもある。それゆえ，ニュートン力学の考え方にすこし「飽きた」方には，恰好の清涼剤となるであろう。

　本書の方針は，抽象的にみえる（そして事実抽象的である）解析力学を，高校物理の目線にまで降ろして解説することである。

　たとえば，重要な関数であるラグランジアン L は，系の運動エネルギー T ー位置エネルギー U と定義される。$T+U$ なら全力学的エネルギーだから分かりやすいが，なぜ引き算なのか理解しづらい。筆者が目を通した何冊かのテキストでは，この $L=T-U$ という関係がすべて天下り的に与えられ，なるほどと思える直感的イメージで説明してくれているものは見あたらなかった。しかし，初心者にとってはこういう点が気になって，学習意欲が削がれるものである。本書では，なぜ $T-U$ なのかを，高校生にも分かる方法で説明する。

　また，解析力学の特徴は，多数の粒子からなる質点系を画一的に記述できるところにあるので，たいていのテキストでは方程式などの数式をすべて Σ 記号を用いて表現する。しかし教師にとってはあたりまえでも，初心者にはそういうところばかりが気になって，肝心の本質を見失いが

ちである．本書では，まず1次元や2次元の直感的に把握しやすい運動を扱い，数式を見やすい形で紹介し，その後に適宜一般の次元へと拡張するようにした．その他，泥臭く思えるような計算も，あえてところどころに入れてある．

　解析力学は，機械的に方程式が立てられるという点が魅力ではあるが，ただの実用的な道具ではない．そこには自然法則を統一的にみようといういわば「思想」がある．本書では，自然法則の根本には最小作用の原理があるという立場から解説をしていく．ラグランジュの方程式もハミルトンの方程式も，すべて最小作用の原理から導かれる．そうしたニュートン力学とは観点の違う「物語性」を「鑑賞」してみることも，また楽しいことではなかろうか．

　講義01にも書いたが，解析力学で必要とされる数学は，さほど高度のものではない．付録「やさしい数学の手引き」では微積分や偏微分のきわめて初歩的な解説をしてあるが，その程度の数学でその本質は十分把握できるものと思う．

　これまでいかめしい名前のせいで斯学(しがく)を敬遠されていた方々も，本書によって食わず嫌いを脱し，解析力学の思わぬ魅力と面白さを感じていただければ，筆者望外の幸せである．

　最後に，本書の企画から編集まで終始お世話になった講談社サイエンティフィクの大塚記央氏に心より感謝の意を表します．

2009年3月

六甲山麓・奥池にて
橋元淳一郎

目次

単位が取れる**解析力学**ノート
CONTENTS

PAGE

講義 **01** 解析力学とは何か … 6

講義 **02** 仮想仕事の原理 … 16

講義 **03** ダランベールの原理 … 32

講義 **04** 最小作用の原理 … 42

講義 **05** ハミルトンの原理 … 54

講義 **06** ラグランジュの方程式 … 60

講義 **07** ラグランジュの方程式の使い方 … 80

		PAGE
講義 **08**	ハミルトンの正準方程式	98
講義 **09**	位相空間	114
講義 **10**	正準変換	122
講義 **11**	ポアソン括弧	136
講義 **12**	無限小変換	152
付録	やさしい数学の手引き	163

ブックデザイン──安田あたる

講義 LECTURE 01 解析力学とは何か

　解析力学をできるだけ簡単に理解するために，まず全体のストーリーをお話ししておこう。全体の見取り図がつかめていれば，迷路に入り込んで挫折してしまうこともないだろう。細部の枝葉を取り払ってしまえば，解析力学はじつに単純明快かつ魅力的な物理なのである。

●まずは高校物理から

　簡単な例として，重力ポテンシャルの中を鉛直方向に運動する質点を考える(つまり，高校物理でいうボールの投げ上げ，投げ下ろしである。本書の一貫した立場は，解析力学は高校物理で理解できるというものである)。

図1-1●投げ上げ

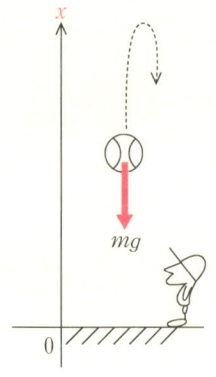

　図のように地面から鉛直上向きに x 軸を取り，質量 m のボールが鉛直方向に自由に運動しているとする。このボールに働く外力は，鉛直下向きの重力だけだから，重力加速度の大きさを g として，ボールの運

動方程式は，

$$ma = -mg$$

である。ここで a はボールの加速度であるが，ちょっとだけ微分の知識を使えば，加速度とは位置 x を時間で2回微分したものである。そこで，x の時間に関する2回微分を $\ddot{x}$ と書けば，上式は，

$$m\ddot{x} = -mg$$

となる。

この運動方程式は簡単に解けるから，これ以上の何かを付け加える必要はないのだが，あえてこの問題を解析力学によって解いてみよう。

●ラグランジュの方程式とは

解析力学では，ニュートンの運動方程式と同等の物理的内容を持つ2つの重要な方程式が登場する。その2つの方程式を導き出していくのが，本書のメイン・ストーリーなのだが，ここでは先に天下り的に方程式を紹介してしまおう。第1の方程式は，**ラグランジュの方程式**と呼ばれる。x 方向だけに運動する1個のボールの場合のラグランジュ方程式は次の通りである。

$$\frac{\mathrm{d}}{\mathrm{d}t}\left(\frac{\partial L}{\partial \dot{x}}\right) - \frac{\partial L}{\partial x} = 0 \quad \cdots\cdots(*)$$

むずかしそうに感じる人もいるだろうが，定められた通りに事を運べばよい。慣れないからむずかしくみえるだけである。

この方程式には，偏微分記号 $\frac{\partial}{\partial}$ が登場するが，本シリーズの「力学ノート」や「電磁気学ノート」を勉強された方は，すっかりお馴染みであろう。はじめての方は巻末付録の「やさしい数学の手引き」を読んでいただければ，簡単に理解できると思う。

$\dot{x}$ は，位置 x の時間微分で，ようするに速度のことである。

時間微分といえば，方程式の先頭に $\frac{\mathrm{d}}{\mathrm{d}t}$ があるが，これは $\dot{x}$ の ˙ と同じである。なぜ，一方では $\frac{\mathrm{d}}{\mathrm{d}t}$ を使い，一方では ˙ を使うのかというと，そう書いておいた方が分かりやすいということだけであるので，あまり

気にする必要はない。

●方程式の主役はラグランジアン L

さて，この方程式の主役は，L と書かれた関数である。これを**ラグランジアン**と呼ぶ。ラグランジアン L とは，一言でいえば，いま考えているボールが持っている運動エネルギー T と位置エネルギー U の差である。すなわち，

$$L = T - U$$

ここで解析力学を学ぶ多くの人が，なんで $T-U$ なのかという疑問を持つだろう。$T+U$ なら，全力学的エネルギーだからその意味は分かる。しかし，$T-U$ はいかなる物理的イメージを持つ量なのか。これに答えているテキストはあまり見あたらないが，本書では講義 04 で，その直感的イメージを与える（といっても，ごく単純なことである）。

そこで，$L=T-U$ をこれも天下り的に認めてしまえば，高校物理の知識で，

$$T = \frac{1}{2} mv^2$$

$$U = mgx$$

である。v は速度だから，これを $\dot{x}$ と書けば，ラグランジアン L は，

$$L = \frac{1}{2} m\dot{x}^2 - mgx$$

となる。1つのボールの1次元の運動だから，L に現れる変数は x だけである。しかし，ラグランジアン L を考えるときには，x と $\dot{x}$ を別々の変数と見なすのである。記号で書けば，

$$L = L(x, \dot{x})$$

である。そこで，方程式に現れる偏微分を実行してみよう。

$$\frac{\partial L}{\partial x} = -mg$$

$$\frac{\partial L}{\partial \dot{x}} = m\dot{x}$$

むずかしく考えないように。x で偏微分するときは，他の文字($\dot{x}$ も含む)を定数と見なし，x だけで微分すればよい。$\dot{x}$ で偏微分するときも同様である。

よって，
$$\frac{\mathrm{d}}{\mathrm{d}t}\left(\frac{\partial L}{\partial \dot{x}}\right) = m\frac{\mathrm{d}}{\mathrm{d}t}\dot{x} = m\ddot{x}$$

以上を，ラグランジュの方程式(＊)に代入すれば，
$$m\ddot{x} - mg = 0$$

何のことはない。ニュートンの運動方程式が出てきた(符号は，座標軸の向きの取り方で，＋にも－にもなる)。もちろん，以上は話をきわめて簡略化しているが，けっきょくラグランジュの方程式は，ニュートンの運動方程式と同等のものなのである。

●なぜラグランジュの方程式が必要なのか

ここまで読まれた読者の方々が感じる疑問は，ニュートンの運動方程式で尽きているのなら，なぜ，見た目も複雑なラグランジュの方程式などを持ち出してくるのか，ということだろう。

それに対する答は，ラグランジュの方程式から出発した方が，運動方程式を簡単に導けるからだ，ということである。ラグランジュの方程式の利点を2つばかり挙げておこう。

① 1粒子の1次元の運動ではなく，n 個(たくさん)の粒子の3次元運動を考えてみる。このとき，全部で $3n$ 個の方程式が必要なことは，ニュートン流でもラグランジュ流でも同じである。しかし，ニュートンの運動方程式の場合，それぞれの粒子に働く $3n$ 個の外力(の成分)を求めねばならない。これはなかなか大変なことである。ラグランジュ流では，$3n$ 個全体のラグランジアン L (＝運動エネルギーの合計－位置エネルギーの合計)さえ分かっていればよい。方程式は $3n$ 個必要だが，その形はすべて同じなのである。あえてそれを書いてみると，n 個の粒子の位置座標を $(x_1, x_2, x_3, \cdots\cdots, x_{3n})$ として，

$$\left.\begin{array}{l}\dfrac{\mathrm{d}}{\mathrm{d}t}\left(\dfrac{\partial L}{\partial \dot{x}_1}\right)-\dfrac{\partial L}{\partial x_1}=0 \\[6pt] \dfrac{\mathrm{d}}{\mathrm{d}t}\left(\dfrac{\partial L}{\partial \dot{x}_2}\right)-\dfrac{\partial L}{\partial x_2}=0 \\[6pt] \cdots\cdots\cdots\cdots \\[2pt] \cdots\cdots\cdots\cdots \\[2pt] \dfrac{\mathrm{d}}{\mathrm{d}t}\left(\dfrac{\partial L}{\partial \dot{x}_{3n}}\right)-\dfrac{\partial L}{\partial x_{3n}}=0\end{array}\right\}\ 3n\,個の同じ形の方程式$$

となる。解くのにどれだけ手間がかかるかは別問題だが，方程式を書き下すのに，何も考える必要がない。同じ式を，x の添字だけを変えて，ずらずら並べればよいのである。

② ラグランジュの方程式の便利さは，じつは①だけに留まらない。

力学や電磁気学を学んできた人は，粒子の位置を表わすのに x-y-z のデカルト座標ではなく，しばしば r-θ-φ の球座標を用いるという経験をされてきたことだろう。かりに1粒子として，粒子の運動方程式をデカルト座標で書けば，

$$m\ddot{x}=F_x$$
$$m\ddot{y}=F_y$$
$$m\ddot{z}=F_z$$

であるが，これを球座標で表わすとどうなるのだろう？ ここでは，煩雑になるのであえて書かないが，即座に書き下せる人はほとんどいないのではないか。つまり，x-y-z を r-θ-φ に変換して，その2階時間微分を計算しなければならない。はなはだ面倒である。

ところが，ラグランジュの方程式では，デカルト座標であろうが球座標であろうが，式は同じ形をしている。その便利さを実感していただくために，紙面をたくさん取るがあえて書いてみる。

x-y-z デカルト座標のとき。

$$\dfrac{\mathrm{d}}{\mathrm{d}t}\left(\dfrac{\partial L}{\partial \dot{x}}\right)-\dfrac{\partial L}{\partial x}=0$$
$$\dfrac{\mathrm{d}}{\mathrm{d}t}\left(\dfrac{\partial L}{\partial \dot{y}}\right)-\dfrac{\partial L}{\partial y}=0$$

$$\frac{\mathrm{d}}{\mathrm{d}t}\left(\frac{\partial L}{\partial \dot{z}}\right) - \frac{\partial L}{\partial z} = 0$$

r-θ-φ 球座標のとき。

$$\frac{\mathrm{d}}{\mathrm{d}t}\left(\frac{\partial L}{\partial \dot{r}}\right) - \frac{\partial L}{\partial r} = 0$$

$$\frac{\mathrm{d}}{\mathrm{d}t}\left(\frac{\partial L}{\partial \dot{\theta}}\right) - \frac{\partial L}{\partial \theta} = 0$$

$$\frac{\mathrm{d}}{\mathrm{d}t}\left(\frac{\partial L}{\partial \dot{\varphi}}\right) - \frac{\partial L}{\partial \varphi} = 0$$

もちろん，ラグランジアン L は，デカルト座標のときは x-y-z とその時間微分で，球座標のときは，r-θ-φ とその時間微分で表わしておかねばならないのだが。

すでに推察されているかと思うが，これは何もデカルト座標や球座標に限ったことではない。粒子の位置を特定できる座標系ならどんなものを持ってきても，ラグランジュ方程式は同じ形をしているのである。

ただし，ラグランジュ方程式にも制限はある。1つは，上にみたように，ラグランジアン L には位置エネルギー U が含まれている。粒子に働く外力が，位置エネルギーで表わせない場合は，もちろん式(*)で表記したようなラグランジュ方程式は書けない。そのような場合には，別の形のラグランジュ方程式が必要となる(講義06)。

●ハミルトンの方程式

もう1つの解析力学の方程式を紹介しよう。それは**ハミルトンの方程式**と呼ばれる。ハミルトンの方程式は，ラグランジュの方程式を，より一般化したもので，2つの連立方程式からなっている。

なぜ方程式が2つになってしまうかというと，変数が位置と運動量の2つになるからである(ラグランジアン L も q と $\dot{q}$ の2変数の関数であるが，q と $\dot{q}$ は独立ではない)。その見返りとして，方程式は時間の1階微分だけになる(ニュートンの方程式もラグランジュ方程式も，時間の2階微分が含まれる)。

先の例と同じ，ボールの鉛直方向の運動を取り上げよう。ここで，ボ

ールの運動量を p で表わす。むろん，$p=mv$ である。位置座標は x でいいのだが，気分を出すためにあえて q と書いておこう。そうすると，方程式は，

$$\frac{dq}{dt} = \frac{\partial H}{\partial p}$$

$$\frac{dp}{dt} = -\frac{\partial H}{\partial q}$$

図1-2●投げ上げ

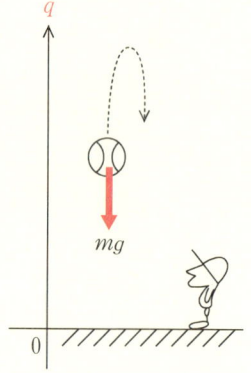

となる。負号を除けば，p と q に関して対称的である。ここで，H は**ハミルトニアン**(ハミルトン関数)と呼ばれる。$H=H(q,p)$，すなわちハミルトニアンは q と p の2変数の関数である。運動量 p は座標 q の時間微分である速度 v に m を掛けたものだから，本来，q の関数であるが，ハミルトンの方程式では，q と p を独立な2つの変数と見なすのである。

●方程式の主役はハミルトニアン H

さて，ハミルトニアン H の正体は，ボールの全力学的エネルギーである。つまりラグランジアン L よりも分かりやすい。ボールの鉛直方向の運動については，

$$H = T + U = \frac{p^2}{2m} + mgq$$

(位置エネルギー mgq とは，mgx のことである。念のため。)

よって，

$$\frac{\partial H}{\partial p} = \frac{p}{m}$$

$$\frac{\partial H}{\partial q} = mg$$

だから，ハミルトンの方程式は，

$$\frac{dq}{dt} = \frac{p}{m}$$

$$\frac{dp}{dt} = -mg$$

この連立方程式はすぐに解けるが，わざと1つの方程式にまとめてみよう。上の式の右辺の p を時間で微分すれば，左辺は q の時間に関する2階微分となるから，下の式に代入すると，

$$m\frac{d^2 q}{dt^2} = -mg$$

となり，けっきょくニュートンの運動方程式に還元される。

ハミルトンの方程式は，ラグランジュの方程式の利点を兼ね備えているが，さらに一般性の高いものになっている。q や p は位置や運動量という物理概念から解放され，正準変数と呼ばれる数学的変数となり，多数の質点の運動は位相空間における1本の軌跡へと変貌する。しかし，その辺のところは，本講の段階ではまだ説明しきれない。講義08以降で詳しくみていくことにする。

●ニュートン力学をなぜ抽象化するのか

以上，簡単な高校物理の問題を例にして，解析力学の方程式からニュートンの運動方程式が導けることを示した。これはいわば，解析力学という山の中腹から，簡易なルートを一気に滑り降りたようなものである。講義02でおこなうことは，おもに簡易なルートを辿るのであるが，と

もかくまで麓から一歩一歩登っていく。つまり，ニュートンの運動方程式から出発して，ラグランジュ方程式やハミルトン方程式を導いていく。そうした過程で，解析力学の有用性が示される例題をいくつか紹介することになるだろう。

　以上，みてきたように，解析力学はその本質においては，ニュートン力学そのものなのである。しかし，ニュートン力学では，力や加速度といった具体的イメージのあるベクトルを扱うのに対して，より抽象的な力学変数を用いることになる。いわばニュートン力学を数学的(解析的)に洗練させていったものと考えればよいだろう。

　抽象化は具体的イメージを消滅させていくが，それは解析力学がニュートン力学の世界を脱して，われわれをより一般化された世界に導いてくれることを意味する。そして，そこにはニュートン力学では味わえない，数学的イメージができてくるのである。たとえば，無数の粒子の運動を扱うとき，ニュートン力学では，てんでばらばらに飛び回る粒子のイメージしか湧かないが，解析力学では，多次元空間にある1点の理路整然とした運動として説明できる。解析力学の道は果てしないが，本書ではそのあたりまでを，できるだけイメージを重視して解説することにする。

●解析力学発展の歴史的経緯

　歴史的にいえば，解析力学は，たとえば曲面に束縛された粒子の運動を，できるだけ簡単に解く方法として発展してきた。粒子がある曲面に束縛されているなら，粒子はその面から垂直抗力を受ける。それゆえ，粒子の運動方程式には，重力などの力以外に束縛力である垂直抗力の項が必要になる。しかし，そうした垂直抗力は刻々と変化するであろうし，最初から簡単に導出できるものではない。しからば，垂直抗力のことを考えることなしに，方程式を書き下せないか。そうしたところから，解析力学は出発したのである。

　とはいえ，解析力学は力学のあらゆる領域で応用されたわけではない。どちらかといえば，その応用は特殊な分野(たとえば，複雑な惑星の運

動など)であった。もし，量子力学の登場がなかったなら，解析力学は物理の特殊な手法に留まったかもしれない。しかし，**量子力学**が解析力学の地位を一変させる。ボーアが，作用積分の量子化という考えを提出したとき，解析力学は物理の世界から大きな脚光を浴びたといえるだろう。

しかし昨今，量子力学はポピュラーなものとなり，解析力学の詳細な知識を持たずとも，シュレーディンガー方程式から大まかな知識は得られるようになった。それゆえ，量子力学を学ぶすべての人に解析力学が必要ということもない。そういうわけで，本書ではあまり量子力学のことは意識せずに，あくまで初心者向けに，解析力学とは何ぞやということを，明確なイメージのもとに解説することを目的とした。とはいえ，本書を学んでおかれれば，量子力学における作用積分やポアソン括弧などといった概念が理解しやすいものになることは言うまでもない。

●簡単な偏微分の知識で十分

最後に数学の知識について触れておく。

解析力学の基礎を勉強するには，簡単な微積分および**偏微分**の知識で十分である。微積分に関しては，高校数学程度でよい。偏微分は高校では学ばないが，さほどむずかしいものではない。先にも書いたように，不慣れの方は，付録「やさしい数学の手引き」を読んで下されば，それで十分である。

本書でもっともよく使う偏微分は，次のようなものである(変数の個数はもっと一般化するが)。

f を x と y の2変数の関数としたとき，f の微小変位 df は，

$$df = \frac{\partial f}{\partial x}dx + \frac{\partial f}{\partial y}dy$$

と書ける。このことに慣れておられる読者の方は，付録を読むまでもないだろう。

それでは，あらためて麓から，解析力学の登山を始めることにしよう。

講義 LECTURE 02 仮想仕事の原理

●曲面に束縛された質点に働く力のつりあい

　滑らかな曲面に束縛された質点を考える。この曲面と質点の間に摩擦はなく，質点は曲面から垂直抗力だけを受けるものとする。質点には，これ以外に重力などの外力が働いている。また，曲面の形は時間とともに変化したりしないものとする。

　図2-1●曲面に束縛された質点

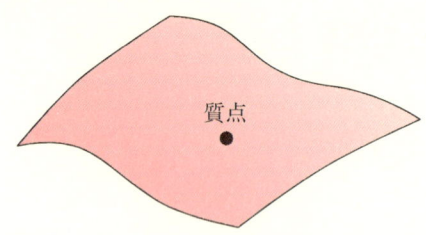

　垂直抗力も含め，質点に働くすべての外力がつり合っていれば，質点は静止しつづける。その位置を見つけようというのが，当面の目的である。

　質点に働くすべての力の合計をベクトル F' で表わすと，質点が静止しつづけていれば，言うまでもなく，

$$F' = 0$$

である。

●仮想変位と仮想仕事の原理

　このつり合いの位置から，質点を「頭の中で」少しだけ動かしてみる。じっさいに質点を動かすのではなく，そう想像するのである。これを，

仮想変位と呼び，ベクトル δr と記す。微小な変位は，ふつう dr と表わすが，頭の中の仮想変位なので，じっさいの変位と区別して δr と書いておくのである。

ただし，この仮想変位には，曲面に束縛されているという条件を付けておく。想像するだけだから，どのような変位も可能だが，質点は曲面から離れることはないとするのである。

こうした仮想変位 δr を質点に加えたとき，仮想仕事というものを考えることができる。仕事の定義より，それはベクトル F' とベクトル δr の内積である。

$F' = 0$ だから，この仮想仕事が，

$$F' \cdot \delta r = 0$$

であることは，明らかである（つりあいの位置からの変位 δr は微小だから，その間ずっと外力の合計 F' は 0 と見なせる）。これだけでは，もちろん，何の意味もないが，ここで，力 F' を，曲面の束縛力(垂直抗力) R とその他の外力 F に分けてみよう（質点を面から離れないようにしている力をすべて**束縛力**と呼ぶ）。

図2-2●全外力 F' を束縛力 R とその他の外力 F に分ける

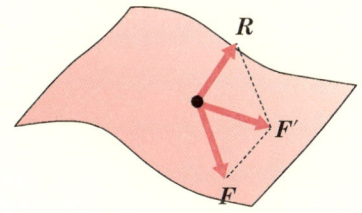

すなわち，

$$F' = F + R$$

これを，仮想仕事の式に代入してみれば，

$$(F + R) \cdot \delta r = 0$$

さて，曲面の束縛力(垂直抗力)は，曲面上を動く質点に対して仕事をしないことは自明である（曲面が動いているような場合は，そうはいかないが）。よって，上式の $R \cdot \delta r$ は 0 であるから，

$$\boldsymbol{F} \cdot \delta \boldsymbol{r} = 0$$

この式には意味がある。式から束縛力 $\boldsymbol{R}$ が消えている！

これを**仮想仕事の原理**という。

いま，適当なデカルト座標 x-y-z を取り，束縛力以外の外力 $\boldsymbol{F}$ のそれぞれの成分を F_x, F_y, F_z とすれば，上式は次のように書ける。

$$F_x\,\delta x + F_y\,\delta y + F_z\,\delta z = 0$$

以上のような簡単な議論だけからでも，問題が簡単に解けるようになる。次の問をやってみよう。

問1 鉛直断面が図のような放物線をした滑らかな曲面がある。座標軸を水平に x 軸，鉛直上向きに y 軸と取るとき，x-y 面上でのこの曲面の方程式は，$y = x^2$ であるとする。いま，この曲面が一定の加速度 a で x 軸の負方向に走る列車内にあるとして，質点が曲面に対して静止しつづける位置を求めよ。ただし，重力加速度の大きさを g とする。

図2-3●

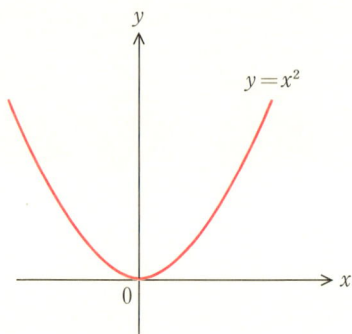

解答 加速度 a で動く列車に乗った立場で考えると，質点の質量を m として，x 軸正方向に ma の慣性力が働く。面からの束縛力以外の外力は，他に y 軸負方向に働く重力 mg だけである。よって，束縛力以外の力の成分を F_x, F_y とすれば，

$$F_x = ma, \quad F_y = -mg$$

仮想仕事の原理より，

$$F_x\,\delta x + F_y\,\delta y = 0$$

図2-4●

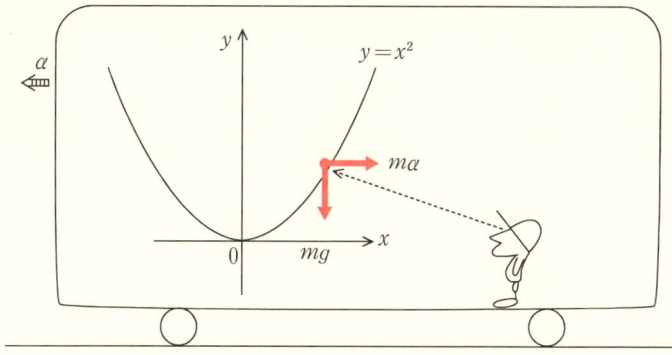

両辺を δx で割れば，
$$F_x + F_y \frac{\delta y}{\delta x} = 0$$
ここで，
$$\frac{\delta y}{\delta x} = \frac{dy}{dx} = 2x$$
であるから(現実の変位 d であろうと，仮想の変位 δ であろうと，微分は同じである)，$F_x, F_y, \frac{\delta y}{\delta x} = 2x$ を代入すれば，
$$m\alpha - mg \cdot 2x = 0$$
よって，
$$x = \frac{\alpha}{2g}, \quad y = \left(\frac{\alpha}{2g}\right)^2$$
という結果を得る。◆

●仮想仕事の原理の利点

　問1をふつうの方法で解くには，質点が面から受ける束縛力 R を考えないといけない。さらに，R は曲面の接線方向に直角という条件が必要である。この R を x 成分と y 成分に分解して，$R, m\alpha, mg$ の力のつり合いの式を立てることになる。むずかしくはないが，仮想仕事の原理から解くよりは，時間がかかる。一度，試してみられたし。

　問1を仮想仕事の原理から解いた方法には，2つの利点がある。1つは束縛力 R を不問にして解けたということ。そしてもう1つは，ベク

トルの分解というような面倒なことをしなくて済んだという点である。これは，ひとえに仕事がベクトルではなくスカラー量であることによる。

解析力学は，力や加速度といったベクトル量を扱わず，仕事やエネルギーやポテンシャルといったスカラー量で方程式を立てる。これは，ベクトルの分解という初歩的な手間を省くだけでなく，やがて出てくる変数の変換などをも容易にするのである。

●ラグランジュの未定乗数法

仮想仕事の原理を使って，もう少し機械的に問題を解く方法を考えてみよう。問題を一般的な言葉で表現するなら，次の通りである。

> 曲面 $f(x,y,z)=0$ 上に束縛された質点に働くすべての外力がつり合う点を求めよ。ただし，質点に働く束縛力は曲面に垂直であるとする。

x-y 平面上の曲線は，たとえば問 1 の $y=x^2$ を $f(x,y)=x^2-y$ とおけば，$f(x,y)=0$ という形で書ける。同様にして，x-y-z の3次元空間での曲面の式は，$f(x,y,z)=0$ の形に書ける。蛇足ながら，これは質点の位置座標の2つが決まれば，残りの1つは自由に取れず確定するということを意味する。

束縛力以外の外力の合計を，F_x, F_y, F_z とすれば，仮想仕事の原理より，

$$F_x\,\delta x + F_y\,\delta y + F_z\,\delta z = 0 \quad \cdots\cdots ①$$

質点を束縛している曲面の式（すなわち**束縛条件**）は，

$$f(x,y,z) = 0 \quad \cdots\cdots ②$$

であるが，質点をこの曲面上で仮想的に動かすかぎり，

$$f(x+\delta x, y+\delta y, z+\delta z) = 0$$

でもある。そこで，

$$f(x+\delta x, y+\delta y, z+\delta z) - f(x,y,z) = 0$$

であるが，この式の左辺は f の仮想変位 δf であり（講義 01 でも述べた

偏微分の基本公式），

$$\delta f = \frac{\partial f}{\partial x}\delta x + \frac{\partial f}{\partial y}\delta y + \frac{\partial f}{\partial z}\delta z = 0 \quad \cdots\cdots ③$$

　①，②，③の連立方程式を解くことになるが，ポイントは，$\delta x, \delta y,$ δz は仮想変位だから，自由に選べるという点にある。ただし，この3成分のうち2つを自由に取れば，残り1つは式②から決まってしまう。質点を曲面上で動かすという条件を付けているからである。

　そこで，式①，③から δz を消去する（もちろん，δx あるいは δy でもよい）。このとき便利なのが，**ラグランジュの未定乗数法**という方法である。つまり，ここで$\lambda = \lambda(x, y, z)$ という適当な関数を取り，式③に掛け，さらに式①と足し算をする（ややこしそうにみえるが，典型的な連立方程式の解き方，①＋λ×③）。そうすると，次式を得る。

$$\left(F_x + \lambda\frac{\partial f}{\partial x}\right)\delta x + \left(F_y + \lambda\frac{\partial f}{\partial y}\right)\delta y + \left(F_z + \lambda\frac{\partial f}{\partial z}\right)\delta z = 0$$

　さて，目的は δz を消去することであったから，上式の左辺第3項の δz の項が0になればよい。λ は勝手に導入した関数だから未知ではあるが，どのような形でも上式に矛盾はないのだから，λ はちょうど左辺第3項が0になるように選ばれているとしよう。つまり，λ の条件は，

$$F_z + \lambda\frac{\partial f}{\partial z} = 0 \quad \cdots\cdots ④$$

である。こうして，δz が消去され，δx と δy だけを含む式ができる。

$$\left(F_x + \lambda\frac{\partial f}{\partial x}\right)\delta x + \left(F_y + \lambda\frac{\partial f}{\partial y}\right)\delta y = 0$$

　ところで，$\delta x, \delta y, \delta z$ のうち2つは自由に選べるのだから，δx と δy を自由に動かすことにする。このとき δz は決まってしまうが，δz がいくらであれ，その項は消えている。つまり，上式左辺は δx と δy がどのような値であれ0でなければならないのだから，δx と δy の係数はともに0でなくてはならない（物理数学でよく使う手法。$ax + by = 0$ が，どんな $x,$ y に対しても成立する a と b の条件，というふうに考えれば簡単である）。つまり，

講義02●仮想仕事の原理　21

$$F_x + \lambda \frac{\partial f}{\partial x} = 0 \quad \cdots\cdots ⑤$$

$$F_y + \lambda \frac{\partial f}{\partial y} = 0 \quad \cdots\cdots ⑥$$

こうして,われわれは x, y, z のみたすべき式を4つ手に入れた。式①,④,⑤,⑥である。それに対して未知数は,x, y, z と λ の4つだから,めでたく問題は解ける。

このラグランジュの未定乗数法の便利な点は,最初から何も考えずに式④,⑤,⑥が書き下せるということである。

●解析力学を創った人々

ラグランジュ(1736-1813)

演習問題 2-1

半径 r の滑らかな半球が，図のように原点 O を球の中心とし，球の中心を通る断面が x-y 平面と一致するように固定されている。半球は $z \leq 0$ の領域に存在するとする。また，z 軸の負方向には重力が働き，x 軸の正方向には大きさ E の一様な電場がある。質量 m，電荷 $e(>0)$ の質点をこの球の内面上においたとき，質点に働く力がつり合う点を求めよ。ただし，重力加速度の大きさを g とする。

図2-5●

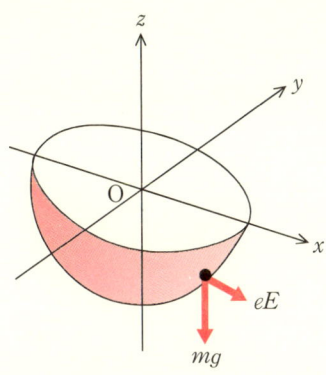

解答＆解説

質点を束縛する半球面の式は，
$$x^2+y^2+z^2-r^2 = 0 \quad (z \leq 0) \quad \cdots\cdots ①$$
である。また，質点に働く力は（面からの束縛力を除いて），
$$F_x = eE, \quad F_y = 0, \quad F_z = -mg$$
であるから，仮想仕事の原理より，
$$eE\delta x + 0 - mg\delta z = 0$$
λ を (x, y, z を変数とする) 適当な関数とし，式①を関数 f として，ラグランジュの未定乗数法を用いれば，$F_x + \lambda \dfrac{\partial f}{\partial x} = 0$ などより，
$$eE + \lambda \dfrac{\partial f}{\partial x} = 0$$

講義02●仮想仕事の原理

$$0 + \lambda \frac{\partial f}{\partial y} = 0$$

$$-mg + \lambda \frac{\partial f}{\partial z} = 0$$

である。
　式①より，

$$\frac{\partial f}{\partial x} = 2x, \ \frac{\partial f}{\partial y} = 2y, \ \frac{\partial f}{\partial z} = 2z$$

であるから，上の3つの式に代入すれば，

$$eE + 2\lambda x = 0 \quad \cdots\cdots ②$$
$$0 + 2\lambda y = 0 \quad \cdots\cdots ③$$
$$-mg + 2\lambda z = 0 \quad \cdots\cdots ④$$

　式③より，$y=0$ は明らか（これは直感的にも明らかである）。
　あとは好みの方法で連立方程式を解いてゆけばよい。ただし，$z \leq 0$ という条件があるから，式④より λ が負でなくてはならないことが分かる（もし半球ではなく球面なら，解は2つあることになる）。そこで，以下の結果を得る。

$$x = \frac{eE}{\sqrt{(eE)^2 + (mg)^2}} r$$
$$y = 0$$
$$z = -\frac{mg}{\sqrt{(eE)^2 + (mg)^2}} r$$

ついでに λ も求めておけば，

$$\lambda = -\frac{\sqrt{(eE)^2 + (mg)^2}}{2r} \quad\quad\quad ◆$$

●束縛力も自動的に求まる

　ここで，もう一度，ラグランジュの未定乗数法の λ を使った3つの式を吟味してみよう。再掲すると，

$$F_x + \lambda \frac{\partial f}{\partial x} = 0$$

$$F_y + \lambda \frac{\partial f}{\partial y} = 0$$

$$F_z + \lambda \frac{\partial f}{\partial z} = 0$$

たとえば，x に関する式をみれば，F_x は束縛力以外の外力の x 成分であるから，左辺の第2項の次元も力のはずである。ところで，つり合いの位置では，質点に働くすべての外力の合計の x 成分は，当然0である。それゆえ，この第1番目の式は x 方向の力のつり合いを表わしているのであり，$\lambda \frac{\partial f}{\partial x}$ は（F_x 以外の外力すなわち）束縛力 $\boldsymbol{R}$ の x 成分を表わしていることになる。

ということで，仮想仕事の原理を用いれば，質点のつり合いの位置だけではなく，質点を束縛している曲面からの束縛力（垂直抗力）をも，機械的な計算から求めることができるということになる。

念のため，曲面からの束縛力の大きさを R として，λ と R の関係を書いておけば，次のようである（各自，確認してほしい）。

$$\lambda = \pm \frac{R}{\sqrt{\left(\frac{\partial f}{\partial x}\right)^2 + \left(\frac{\partial f}{\partial y}\right)^2 + \left(\frac{\partial f}{\partial z}\right)^2}}$$

●質点系への拡張

講義01でも述べたように，解析力学の特徴は，多くの粒子の運動を多次元空間の1点の運動で表わすところにある。よって，多数の粒子における法則の表現に慣れておく必要がある。そのために適宜，**質点系への拡張**表現を記しておくことにする。できれば，読者の方々もまた手を動かして，添字やら Σ 記号を何度も書いて慣れていただきたい。

n 個の質点の系を考える。それぞれの質点の位置をデカルト座標で表わせば（1質点につき3座標だから）$3n$ 個の座標で表わせる。それを，$x_1, x_2, x_3, \cdots\cdots, x_{3n}$ と表わしておこう。また，それらに働く（束縛力以外の）外力の成分を，$F_1, F_2, F_3, \cdots\cdots F_{3n}$ とする。そうすると，n 個すべての質点がつり合いの位置にいるときに，仮想仕事の原理が成り立つことは明らかだから，

$$\sum_{i=1}^{3n} F_i \delta x_i = 0$$

次に，それぞれの質点がそれぞれの束縛条件を持っているとする。この束縛条件(のうち独立なもの)は $3n$ 個以上ではありえない。なぜなら，$3n$ 個より多い束縛条件をみたすような x_i の解は存在しないし，$3n$ 個ちょうどなら，すべての質点はそもそも動けないからである。よって，束縛条件の数を h とすると，$h<3n$。そこで，その h 個の束縛条件を次のように書く。

$$f_\nu(x_1, x_2, \cdots\cdots, x_{3n}) = 0 \quad (\nu = 1, 2, \cdots, h : h<3n)$$

ν は，上式の i と同様，一般項を表わす表記でどんな文字でもよい。慣れておくべきことは，上式は1つの式ではなく，$f_1, f_2, f_3, \cdots\cdots, f_h$ の h 個の式が並んでいるとみることである。その1つを代表して f_ν と書いているだけである。

ここで，f_ν はすべての位置座標 x_i の関数としているから，1つの束縛条件 f_ν は1つの粒子だけではなく，すべての粒子を束縛できる可能性を持つ。ここにすでに解析力学の特徴が現れている。つまり，対象としているのは(現実には)3次元空間の n 個の質点であっても，(数学的には)$3n$ 次元空間の1点であり，束縛条件もまた，その $3n$ 次元空間に広がる曲面なのである。

仮想変位 δx_i はすべての束縛条件をみたすように取るから，20ページと同じようにして，

$$\delta f_\nu = f_\nu(x_1+\delta x_1, \cdots, x_{3n}+\delta x_{3n}) - f_\nu(x_1, \cdots, x_{3n}) = 0$$

よって，偏微分の公式(付録「やさしい数学の手引き」参照)を使って，

$$\sum_{i=1}^{3n} \frac{\partial f_\nu}{\partial x_i} \delta x_i = 0 \quad (\nu = 1, 2, \cdots, h)$$

である。この式もまた，h 個の式を代表 ν で表わしたものである。

ラグランジュの未定乗数法の λ もまた h 個の束縛条件に対応して h 個用意しないといけない。それを代表して λ_ν とし，上式に掛け算し，さらにそれを仮想仕事＝0の式と足し算すれば，

$$\sum_{i=1}^{3n}\left(F_i + \sum_{\nu=1}^{h} \lambda_\nu \frac{\partial f_\nu}{\partial x_i}\right)\delta x_i = 0$$

Σ 記号が2つ出てきているから，その実体は何かを十分吟味するように．ただし，上式はただ1つ存在するだけである．

1つの質点が3次元空間の1つの曲面に束縛されているときには，仮想変位 $\delta x, \delta y, \delta z$ のうち2つが自由に動かせ，1つは決まってしまった．同様に，$3n$ 次元空間の1つの質点が $3n$ 次元空間の h 個の曲面に束縛されているときには，$3n-h$ 個の δx_i は自由に動かせ，h 個の δx_i はそれに規定される．しかし，どの δx_i を自由に動かすかはまったく任意であるから，3次元空間の1質点と同様にして，けっきょく次の $3n$ 個の条件式を得ることができる．

$$F_i + \sum_{\nu=1}^{h} \lambda_\nu \frac{\partial f_\nu}{\partial x_i} = 0 \quad (i = 1, 2, \cdots, 3n)$$

連立方程式の数は，上の $3n$ 個と束縛条件の h 個であり，未知数は x_i の $3n$ 個と λ_ν の h 個であるから，解が求まる理屈である．じっさいに計算してみようという気にはならないが，最小限，以上の式を自分の手で書き下すことは試みていただきたい．

実戦問題 2-1

水平方向に x 軸, 鉛直上向きに y 軸を取ったとき, x-y 鉛直断面の形が図のような半径 R の半円になるようななめらかな曲面がある。この鉛直断面上に, 半円上に束縛された質量 m_1 と m_2 の2つの質点1,2がある。質点1と質点2は, 質量の無視できる長さ l ($<\sqrt{2}R$) の細い棒でつながれている。2つの質点 m_1 と m_2 が, 外力によってつりあう位置をそれぞれ (x_1, y_1), (x_2, y_2) としたとき, ラグランジュの未定乗数法によって, つりあいの位置を求める方程式を立てよ。ただし, 重力加速度の大きさを g とする。

また, $m_1 = m_2$ の場合のつりあいの位置 $(x_1, y_1), (x_2, y_2)$ を求めよ。

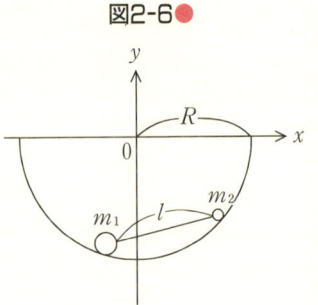
図2-6

解答＆解説

2つの質点の束縛条件は, 次の通りである。
半円上の束縛：
$$f_1 \equiv x_1^2 + y_1^2 \boxed{\text{(a)}} = 0 \quad \cdots\cdots ①$$
$$f_2 \equiv x_2^2 + y_2^2 \boxed{\text{(a)}} = 0 \quad \cdots\cdots ②$$

質点同士の束縛（2質点の距離はつねに l である）：
$$f_3 \equiv (x_1 - x_2)^2 + (y_1 - y_2)^2 - l^2 = 0 \quad \cdots\cdots ③$$

4つの仮想変位を $\delta x_1, \delta y_1, \delta x_2, \delta y_2$ とし, それぞれの変位方向に働く束縛力以外の力の成分を $F_{x_1}, F_{y_1}, F_{x_2}, F_{y_2}$ とすれば, 仮想仕事の原理の式は次のようになる。

$$F_{x_1}\delta x_1 + F_{y_1}\delta y_1 + F_{x_2}\delta x_2 + F_{y_2}\delta y_2 = 0$$

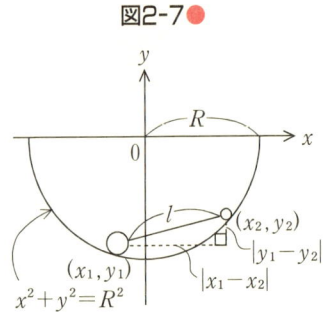
図2-7

いま、束縛力以外の外力は、鉛直下向きの重力だけだから、
$$-m_1 g\,\delta y_1 - m_2 g\,\delta y_2 = 0$$

束縛力には、2つの質点をつないでいる棒からの抗力がある。この抗力が質点1、および質点2に対してなす仕事はかならずしも0ではないが、この力は内力なので、系全体(質点1および質点2)に対してなす仕事は0となる。

もう少し詳しくいえば、作用・反作用の法則によって互いの抗力の大きさは等しく、向きは逆である。一方、質点の仮想変位は、並進運動では1も2も同じであるから、抗力が一方の質点に対して仕事 W をすれば、他方に対しては仕事 $-W$ をなすことになる。また、回転運動では抗力と変位が直角をなすから仕事をしない。

ラグランジュの未定乗数法に従って、適当な関数 $\lambda_1, \lambda_2, \lambda_3, \lambda_4$ を取り、仮想仕事＝0 の式と組み合わせれば、

$$x_1: F_{x_1} + \lambda_1 \frac{\partial f_1}{\partial x_1} + \lambda_2 \frac{\partial f_2}{\partial x_1} + \lambda_3 \frac{\partial f_3}{\partial x_1} = 0$$

$$y_1: F_{y_1} + \lambda_1 \frac{\partial f_1}{\partial y_1} + \lambda_2 \frac{\partial f_2}{\partial y_1} + \lambda_3 \frac{\partial f_3}{\partial y_1} = 0$$

$$x_2: F_{x_2} + \lambda_1 \frac{\partial f_1}{\partial x_2} + \lambda_2 \frac{\partial f_2}{\partial x_2} + \lambda_3 \frac{\partial f_3}{\partial x_2} = 0$$

$$y_2: F_{y_2} + \lambda_1 \frac{\partial f_1}{\partial y_2} + \lambda_2 \frac{\partial f_2}{\partial y_2} + \lambda_3 \frac{\partial f_3}{\partial y_2} = 0$$

を得る。ここで、式①、②、③より、

$$\begin{cases} \dfrac{\partial f_1}{\partial x_1} = 2x_1, & \dfrac{\partial f_2}{\partial x_1} = 0, & \dfrac{\partial f_3}{\partial x_1} = \boxed{\text{(b)}} \\[4pt] \dfrac{\partial f_1}{\partial y_1} = 2y_1, & \dfrac{\partial f_2}{\partial y_1} = 0, & \dfrac{\partial f_3}{\partial y_1} = 2(y_1 - y_2) \\[4pt] \dfrac{\partial f_1}{\partial x_2} = 0, & \dfrac{\partial f_2}{\partial x_2} = 2x_2, & \dfrac{\partial f_3}{\partial x_2} = -2(x_1 - x_2) \\[4pt] \dfrac{\partial f_1}{\partial y_2} = 0, & \dfrac{\partial f_2}{\partial y_2} = 2y_2, & \dfrac{\partial f_3}{\partial y_2} = -2(y_1 - y_2) \end{cases}$$

であるから、これらと力 F の値より、以下の方程式を得る。

$$\begin{cases} 2\lambda_1 x_1 + 2\lambda_3(x_1-x_2) = 0 & \cdots\cdots ④ \\ -m_1 g + 2\lambda_1 y_1 + 2\lambda_3(y_1-y_2) = 0 & \cdots\cdots ⑤ \\ 2\lambda_2 x_2 - 2\lambda_3(x_1-x_2) = 0 & \cdots\cdots ⑥ \\ -m_2 g + 2\lambda_2 y_2 - 2\lambda_3(y_1-y_2) = 0 & \cdots\cdots ⑦ \end{cases}$$

以上より，われわれは式①〜⑦までの7つの式を得たが，未知数は $x_1, y_1, x_2, y_2, \lambda_1, \lambda_2, \lambda_3$ の7つであるから，これらを解けば，つりあいの位置，および未知の3つの束縛力を知ることができるわけである。

ここでは，煩雑な連立方程式を解くことが目的ではないから，$m_1 = m_2$ という特別の場合を解いてみることにしよう。むろん，答は対称性を考えれば自明である。直感をいっさい除外した計算から，正しい答が得られるかどうかを確認するのが目的である。

式④，⑤より λ_1 を消去すれば，

$$\boxed{(c)} = m_1 g x_1 \quad \cdots\cdots ⑧$$

同様に式⑥，⑦より λ_2 を消去すれば，

$$2(-x_2 y_1 + x_1 y_2)\lambda_3 = m_2 g x_2 \quad \cdots\cdots ⑨$$

式⑧，⑨より λ_3 を消去すれば，

$$m_1 x_1 + m_2 x_2 = 0$$

を得る。ここで，$m_1 = m_2$ とすれば，

$$x_2 = -x_1$$

つまり，2つの質点は y 軸に対して対称な位置でつりあう。これは，直感的につりあいの位置が図のようであろうから，明らかである。

束縛条件の式①，②より，$x_2 = -x_1$ なら，

$$y_1{}^2 = y_2{}^2$$

がいえるが，題意より y は負であるから，y_1, y_2 はどちらも負で，

$$y_1 = y_2$$

である。

以上を式③に代入すれば，

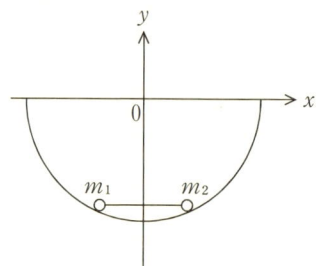

図2-8● $m_1 = m_2$ なら，y 軸に対して対称

$$4x_1{}^2 + 0 - l^2 = 0$$

となり,

$$x_1 = \frac{l}{2}$$

が導かれる。

　y_1, y_2 も図より三平方の定理から求まるが, 式を使えば, 式①より,

$$\frac{l^2}{4} + y_1{}^2 - R^2 = 0$$

となり, けっきょく,

$$\begin{cases} x_1 = \pm \dfrac{l}{2} \\ x_2 = \mp \dfrac{l}{2} \quad (複号同順) \\ y_1 = y_2 = \boxed{(d)} \end{cases}$$

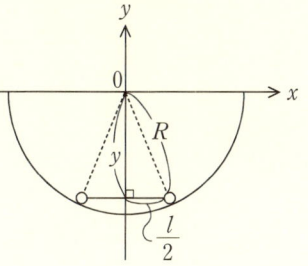

図2-9

◆

....

(a) $-R^2$　　(b) $2(x_1 - x_2)$　　(c) $2(x_2 y_1 - x_1 y_2)\lambda_3$　　(d) $-\sqrt{R^2 - \dfrac{l^2}{4}}$

講義 LECTURE 03 ダランベールの原理

　前講で学んだ仮想仕事の原理は，たしかに便利な手法ではあるが，質点に働く力がつり合っている場合にしか適用できないという物足りなさがある。仮想仕事の原理を，加速度運動している質点にも適用できる方法はないのだろうか。

　物理現象を数式で表わすことは，現象の抽象化であり，素朴な実物のイメージを損なうという欠点があるが，それが逆に思考の飛躍へとつながるという利点もあるのである。

●ダランベールの原理は慣性力と同じ考え方

　加速度運動する質点の運動方程式は，1次元で書けば，
$$m\ddot{x} = F$$
であるが，これを次のように変形してみよう。
$$F - m\ddot{x} = 0$$
数学的にはまったく同等であるが，この式を力のつり合いと解釈してみてはどうだろう。つまり，質点には，現実の外力 F 以外に，$-m\ddot{x}$ という仮想の力が働いていると見なすのである。そのような仮想の力を導入すれば，この質点に働く力はつり合っていることになる。それゆえ，加速度運動している質点に関しても，仮想仕事の原理が適用できることになる。こうした考え方を，**ダランベールの原理**と呼ぶ。

　現実には質点は加速度運動しているのだから，このような技巧的操作はご都合主義のようにみえるかもしれない。しかし，高校物理を勉強された方は，この考え方は慣性力と同じだとすぐに気づかれたことだろう。その通りであって，質点に乗った座標系からみれば，まさに質点は静止しており，力のつり合いが成り立っているのである。

図3-1 ●ダランベールの原理

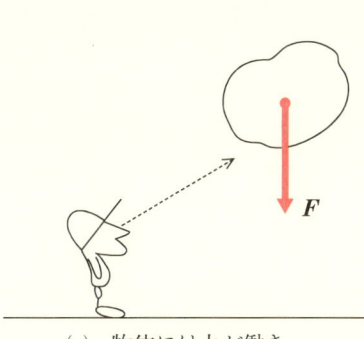
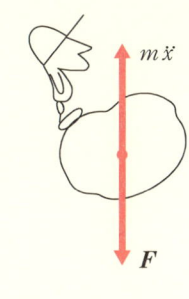

(a) 物体には力が働き加速度運動している

(b) F と逆向きに $m\ddot{x}$ という力を考えれば，物体に働く力はつり合う

ただ，気をつけないといけないことは，一般に質点の加速度 $\ddot{x}$ は刻々変化するということである。それゆえ，ある仮想的な力のつり合いの式は，ある一瞬の間だけ成立するつり合いの式である。それゆえ，仮想仕事の原理を適用しているときに，時刻 t は止まっていると考えなければいけない。

● 加速度運動する質点の運動方程式を導く

以上より，とりあえず1質点の3次元の運動として，前講と同じことをやってみよう。質点を束縛する曲面は1つとし，その式を，
$$f(x,y,z) = 0 \quad \cdots\cdots ①$$
とする。

また，加速度運動をする質点に働く全外力 F' を，曲面に垂直な束縛力 R とそれ以外の既知の外力 F に分ければ，仮想変位 δx に対して束縛力 R は仕事をしないから，20ページの式①と同様に，
$$(F_x - m\ddot{x})\delta x + (F_y - m\ddot{y})\delta y + (F_z - m\ddot{z})\delta z = 0 \quad \cdots\cdots ②$$
が成り立つ。仮想変位は，式①の束縛条件をみたすように動かすものとすれば，式①より，
$$\delta f = \frac{\partial f}{\partial x}\delta x + \frac{\partial f}{\partial y}\delta y + \frac{\partial f}{\partial z}\delta z = 0 \quad \cdots\cdots ③$$

式③に適当な関数 λ を掛けて式②と足したとき，δz の項が 0 となるとすれば，

$$F_z - m\ddot{z} + \lambda \frac{\partial f}{\partial z} = 0$$

束縛条件①のもとでは，2つの変位 $\delta x, \delta y$ は自由に選べるから，それらがどのような値でも，

$$\left(F_x - m\ddot{x} + \lambda \frac{\partial f}{\partial x}\right)\delta x + \left(F_y - m\ddot{y} + \lambda \frac{\partial f}{\partial y}\right)\delta y = 0$$

の左辺が 0 となるためには，$\delta x, \delta y$ のどちらの係数もつねに 0 でなければならないから，

$$F_x - m\ddot{x} + \lambda \frac{\partial f}{\partial x} = 0$$

$$F_y - m\ddot{y} + \lambda \frac{\partial f}{\partial y} = 0$$

でなくてはならない。以上より，けっきょく次の3つの式を得る。

$$m\ddot{x} = F_x + \lambda \frac{\partial f}{\partial x} \quad \cdots\cdots ④$$

$$m\ddot{y} = F_y + \lambda \frac{\partial f}{\partial y} \quad \cdots\cdots ⑤$$

$$m\ddot{z} = F_z + \lambda \frac{\partial f}{\partial z} \quad \cdots\cdots ⑥$$

ダランベールの原理は，仮想的な力を導入して力のつり合いを考えたわけであるが，出てきた式を力のつり合いと見なす必要はない。けっきょく，われわれは運動方程式を導いたのである。

●時間を止めて考えるといろいろ便利

時刻 t は「凍結」されているから，上式はある瞬間にだけ成立する方程式であるが，次の瞬間の方程式がどうなるかといえば，同じ議論によって，その瞬間の $\ddot{x}\cdots\cdots, F_x\cdots\cdots$，を用いることによって，同じ方程式を得ることができる。つまり，$\ddot{x}\cdots\cdots, F_x\cdots\cdots$，が，時間とともに変化することを了解しておけば，式④，⑤，⑥は時間変化に対応した方

程式となる。そして，式の形をみれば，言うまでもなくこれらは運動方程式である。

ダランベールの原理を用いることによって，けっきょく，われわれは束縛力のもとでの質点の運動に関して，束縛力を知ることなく，運動方程式を立てることができたということである。

式①，④，⑤，⑥を解くことによって，ある時刻 t における質点の加速度 $\ddot{x}, \ddot{y}, \ddot{z}$，および関数 λ の4つの未知数を求めることができる。初期条件が与えられれば，質点の速度および位置も，微分方程式を解くことで求めることができる。

それぞれの方程式の λ の項は，その方向の束縛力の成分であることも明らかであるから，λ を求めることは，束縛力を求めることでもある。

ついでにいえば，ダランベールの原理は時間 t を「凍結」して考えているから，束縛条件 f も，「凍結」された瞬間の束縛条件である。言い換えると，束縛条件が時間とともに変化していても，「凍結」された瞬間，瞬間の運動方程式は成立しているのだから，けっきょく，束縛条件 f は，$f=f(x,y,z,t)$ という x,y,z,t の関数でかまわないということである。

演習問題 3-1

水平と θ の角をなす滑らかな斜面上を滑り降りる質量 m の質点の運動方程式を，ダランベールの原理より求め，質点の加速度と面からの垂直抗力の大きさを求めよ。重力加速度の大きさを g とする。

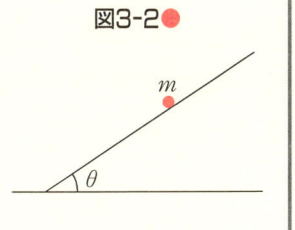

図3-2

解答&解説

高校物理の基本問題だから，ダランベールの原理などを使うより，ふつうの考え方でニュートンの運動方程式を導いた方が簡単である。これはあくまで，ダランベールの原理に慣れていただくための練習である。

座標軸 x-y は，図3-3のように取るのが便利である。

そうすると，束縛条件は，
$$y = 0 \quad \cdots\cdots ①$$
である。束縛力以外の外力は，鉛直下向きの重力 mg だけだから，
$$F_x = -mg\sin\theta$$
$$F_y = -mg\cos\theta$$

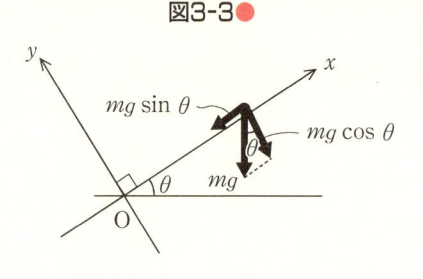

図3-3

式①より，
$$\frac{\partial f}{\partial x} = 0$$
$$\frac{\partial f}{\partial y} = 1$$

だから，適当な関数 λ を取って，方程式を書き下せば，
$$m\ddot{x} = -mg\sin\theta + 0 \quad \cdots\cdots ②$$
$$m\ddot{y} = -mg\cos\theta + \lambda \quad \cdots\cdots ③$$

式②より，x 方向の加速度が求まり，
$$\ddot{x} = -g\sin\theta \quad \cdots\cdots (答)$$

また，式①より，$\ddot{y}=0$ だから，式③は，
$$0 = -mg\cos\theta + \lambda$$

となるが，$\lambda\frac{\partial f}{\partial y}=\lambda$ は束縛力にほかならないから，
$$\lambda = mg\cos\theta \quad \cdots\cdots (答)$$

◆

●質点系への拡張

　ダランベールの原理を使った運動方程式を，多数の質点からなる質点系へ拡張するのは容易である。講義02と同様に，n 個の質点を考え，それぞれの位置座標を $x_1, x_2, x_3, \cdots\cdots, x_{3n}$，それに対応する質量を $m_1, m_2, m_3, \cdots\cdots m_{3n}$ とする（ただし，$m_1=m_2=m_3, \cdots\cdots$ であるが，位置座標の個数と合わせるために，わざと $3n$ 個の質量を考えている）。また，それぞれの質点に働く（束縛力以外の）外力の成分を $F_1, F_2, F_3, \cdots\cdots, F_{3n}$ とすれば，仮想仕事の原理より，

$$\sum_{i=1}^{3n}(F_i - m_i\ddot{x}_i{}^2)\delta x_i = 0$$

これらの粒子の動きをなめらかに束縛する条件が $h(<3n)$ 個あるとして，それらを，

$f_\nu(x_1, x_2, x_3, \cdots\cdots, x_{3n}, t) = 0 \quad (\nu = 1, 2, 3, \cdots\cdots, h : h<3n, t = 一定)$

と書けば，ラグランジュの未定乗数法より，h 個の適当な関数 $\lambda_\nu (\nu=1, 2, 3, \cdots\cdots, h)$ を取って，次の $3n$ 個の方程式を得る。

$$F_i - m_i\ddot{x}_i + \sum_{\nu=1}^{h}\lambda_\nu \frac{\partial f_\nu}{\partial x_i} = 0 \quad (i = 1, 2, 3, \cdots, 3n)$$

これらを運動方程式らしく書けば，

$$m_i\ddot{x}_i = F_i + \sum_{\nu=1}^{h}\lambda_\nu \frac{\partial f_\nu}{\partial x_i} \quad (i = 1, 2, 3, \cdots, 3n)$$

上の $3n$ 個の方程式と，h 個の束縛条件の式に対して，未知数は $3n$ 個の $x_i = x_i(t)$ と h 個の λ_ν であるから，運動が決定されることになる。

念のため注釈しておけば，方程式を立てるまでは，時間 t を「凍結」しているから，束縛条件の仮想変位は，

$$\delta f_\nu = \sum_{i=1}^{3n}\frac{\partial f_\nu}{\partial x_i}\delta x_i \quad (\nu = 1, 2, 3, \cdots, h)$$

であって，

$$\frac{\partial f_\nu}{\partial t}\delta t$$

という項は含まれない。

言うまでもなく，出てきた方程式が解析的に解けるか，解けないかは，微分方程式の形によって決まる。また，位置と速度の初期条件を決めなければ，具体的な運動は確定しない。ダランベールの原理と仮想仕事の原理は，方程式の解き方を示しているのではなく，方程式の簡単な導き方を示しているのである。

実戦問題 3-1

図のように，水平な床の上に，水平と θ_1 の角をなすなめらかな斜面と，同じく水平と θ_2 の角をなすなめらかな斜面が，その頂点を共有しておかれている。頂点にはなめらかな定滑車が固定され，定滑車を介して長さ l の伸び縮みしない軽い糸の両端に質量 m_1 と m_2 の質点1と2がつながれている。糸がぴんと張った状態で2つの質点を斜面上においてそっと手を離す。この後のこの系の運動について，

(1) 質点1および質点2の加速度の大きさを求めよ。
(2) 質点1が斜面から受ける垂直抗力の大きさを求めよ。
(3) 質点2が斜面から受ける垂直抗力の大きさを求めよ。
(4) 糸の張力の大きさを求めよ。

ただし，重力加速度の大きさを g とする。

図3-4

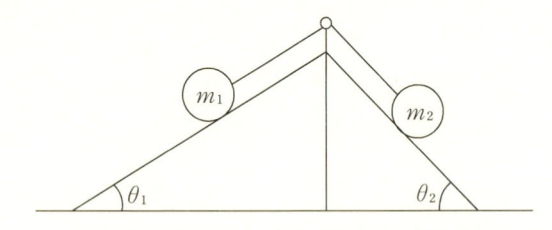

解答&解説

高校物理の基本問題だから，垂直抗力や糸の張力を設定して運動方程式を立てればすぐ解ける。それを，仮想仕事の原理とダランベールの原理で解こうという問題である。

座標軸 x_1, x_2 を図3-5のように頂点からそれぞれの斜面に平行に取り，それぞれに垂直な方向に座標軸 y_1, y_2 を取る。そうすると，質点1および質点2に働く（束縛力以外の）外力（すなわち重力）の成分は，それぞれ，

$$\begin{cases} F_{x_1} = m_1 g \sin\theta_1, \quad F_{y_1} = \boxed{\text{(a)}} \\ F_{x_2} = m_2 g \sin\theta_2, \quad F_{y_2} = m_2 g \cos\theta_2 \end{cases}$$

である。

図3-5●

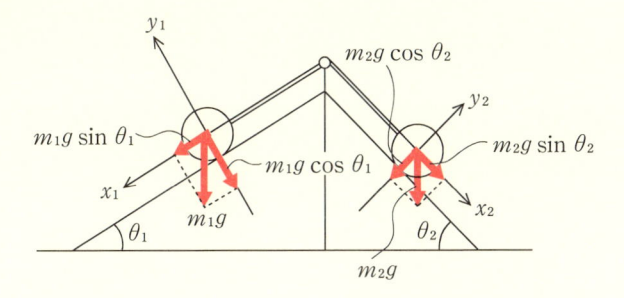

また，束縛条件は，

$$\begin{cases} x_1 \text{に沿った斜面上}: f_1 \equiv y_1 = 0 & \cdots\cdots① \\ x_2 \text{に沿った斜面上}: f_2 \equiv y_2 = 0 & \cdots\cdots② \\ \text{糸につながれた束縛}: f_3 \equiv \boxed{\text{(b)}} & \cdots\cdots③ \end{cases}$$

の3つである。

　糸による束縛条件 f_3 の束縛力は糸の張力であるが，これは演習問題3-1と同様，全体として糸に仕事をしない。

　以上から，未定乗数法を使った4つの運動方程式（うち2つは力のつりあい）はすぐに書けるが，練習のため順を追ってやってみよう。

　質点1と2の仮想変位を $\delta x_1, \delta y_1, \delta x_2, \delta y_2$ とすれば，仮想仕事の原理とダランベールの原理より，

$$(F_{x_1} - m_1 \ddot{x}_1)\delta x_1 + (F_{y_1} - m_1 \ddot{y}_1)\delta y_1$$
$$+ (F_{x_2} - m_2 \ddot{x}_2)\delta x_2 + (F_{y_2} - m_2 \ddot{y}_2)\delta y_2 = 0$$

である（束縛条件より $\delta y_1 = 0, \delta y_2 = 0$ などは明らかであるが，ここでは面倒ながらすべてを書いておく）。

　束縛条件もすべて書けば，

$$\begin{cases} \delta f_1 = \dfrac{\partial f_1}{\partial x_1}\delta x_1 + \dfrac{\partial f_1}{\partial y_1}\delta y_1 + \dfrac{\partial f_1}{\partial x_2}\delta x_2 + \dfrac{\partial f_1}{\partial y_2}\delta y_2 = 0 \\[6pt] \delta f_2 = \dfrac{\partial f_2}{\partial x_1}\delta x_1 + \dfrac{\partial f_2}{\partial y_1}\delta y_1 + \dfrac{\partial f_2}{\partial x_2}\delta x_2 + \dfrac{\partial f_2}{\partial y_2}\delta y_2 = 0 \\[6pt] \delta f_3 = \dfrac{\partial f_3}{\partial x_1}\delta x_1 + \dfrac{\partial f_3}{\partial y_1}\delta y_1 + \dfrac{\partial f_3}{\partial x_2}\delta x_2 + \dfrac{\partial f_3}{\partial y_2}\delta y_2 = 0 \end{cases}$$

そこで，適当な関数 $\lambda_1, \lambda_2, \lambda_3$ を取り，ラグランジュの未定乗数法を適用すれば，次の4つの方程式を得る．

$$\begin{cases} F_{x_1} - m_1\ddot{x}_1 + \lambda_1 \dfrac{\partial f_1}{\partial x_1} + \lambda_2 \dfrac{\partial f_2}{\partial x_1} + \lambda_3 \dfrac{\partial f_3}{\partial x_1} = 0 \\ F_{y_1} - m_1\ddot{y}_1 + \lambda_1 \dfrac{\partial f_1}{\partial y_1} + \lambda_2 \dfrac{\partial f_2}{\partial y_1} + \lambda_3 \dfrac{\partial f_3}{\partial y_1} = 0 \\ F_{x_2} - m_2\ddot{x}_2 + \lambda_1 \dfrac{\partial f_1}{\partial x_2} + \lambda_2 \dfrac{\partial f_2}{\partial x_2} + \lambda_3 \dfrac{\partial f_3}{\partial x_2} = 0 \\ F_{y_2} - m_2\ddot{y}_2 + \lambda_1 \dfrac{\partial f_1}{\partial y_2} + \lambda_2 \dfrac{\partial f_2}{\partial y_2} + \lambda_3 \dfrac{\partial f_3}{\partial y_2} = 0 \end{cases}$$

ここで束縛条件の式中の偏微分の値は，式①，②，③を使って，それぞれ次の通りである．

$$\begin{cases} \dfrac{\partial f_1}{\partial x_1} = 0, \quad \dfrac{\partial f_2}{\partial x_1} = 0, \quad \dfrac{\partial f_3}{\partial x_1} = 1 \\ \dfrac{\partial f_1}{\partial y_1} = 1, \quad \dfrac{\partial f_2}{\partial y_1} = 0, \quad \dfrac{\partial f_3}{\partial y_1} = 0 \\ \dfrac{\partial f_1}{\partial x_2} = 0, \quad \dfrac{\partial f_2}{\partial x_2} = 0, \quad \dfrac{\partial f_3}{\partial x_2} = \boxed{(c)} \\ \dfrac{\partial f_1}{\partial y_2} = 0, \quad \dfrac{\partial f_2}{\partial y_2} = 1, \quad \dfrac{\partial f_3}{\partial y_2} = 0 \end{cases}$$

これらと外力(重力)の成分の具体的な値をすべて4つの方程式に代入すれば，

$$\begin{cases} m_1 g \sin\theta_1 - m_1\ddot{x}_1 + \boxed{(d)} = 0 & \cdots\cdots ④ \\ m_1 g \cos\theta_1 - m_1\ddot{y}_1 + \lambda_1 = 0 & \cdots\cdots ⑤ \\ m_2 g \sin\theta_2 - m_2\ddot{x}_2 + \lambda_3 = 0 & \cdots\cdots ⑥ \\ m_2 g \cos\theta_2 - m_2\ddot{y}_2 + \boxed{(e)} = 0 & \cdots\cdots ⑦ \end{cases}$$

以上で式①から式⑦まで7つの式ができ，未知数は $x_1, y_1, x_2, y_2, \lambda_1, \lambda_2, \lambda_3$ の7つであるから，方程式は解けることになる(じっさいには，f_1, f_2 の束縛条件を最初から使えば，もっと簡単になる)．

式④，⑥より λ_3 を消去して，

$$m_1\ddot{x}_1 - m_2\ddot{x}_2 = m_1 g \sin\theta_1 - m_2 g \sin\theta_2$$

ここで，束縛条件③より，
$$x_2 = l - x_1$$
時間で2回微分すれば，
$$\ddot{x}_2 = -\ddot{x}_1$$
だから，これを上の式に代入すれば，
$$(m_1 + m_2)\ddot{x}_1 = m_1 g \sin\theta_1 - m_2 g \sin\theta_2$$

質点1と2の加速度の正負は，座標軸の取り方や質点の質量および斜面の角度などによって決まる。求められているのは，加速度の大きさだから，けっきょく
$$|\ddot{x}_1| = |\ddot{x}_2| = \frac{|m_1 g \sin\theta_1 - m_2 g \sin\theta_2|}{m_1 + m_2} g$$

この結果と式④から λ_3 を求めれば，
$$|\lambda_3| = \frac{m_1 m_2}{m_1 + m_2} g(\sin\theta_1 + \sin\theta_2)$$

これは糸の張力の大きさである。

また，束縛条件から $\ddot{y}_1 = 0, \ddot{y}_2 = 0$ は明らかだから，式⑤，⑦から λ_1, λ_2 を求めて，
$$|\lambda_1| = m_1 g \cos\theta_1 \quad (質点1に働く垂直抗力)$$
$$|\lambda_2| = m_2 g \cos\theta_2 \quad (質点2に働く垂直抗力)$$
となる。◆

....

(a) $m_1 g \cos\theta_1$ (b) $x_1 + x_2 - l = 0$ (c)   1   (d) λ_3 (e) λ_2

講義 LECTURE 04 最小作用の原理

●自然の根本にあるものは何か

　本講では，少しばかり「哲学」めいたことを考える。それは，自然の根本にある法則とは，一体何なのだろうかという問いである。

　たとえば，ニュートン力学の土台である慣性の法則について考えてみよう。むろん，慣性の法則は間違っているかもしれない，などと主張するわけではない。そうではなく，われわれが慣性の法則として知っている自然法則は，もっと別の原理によって説明されるのではないかという問いである。もし，ガリレオやニュートンがいなくて，ライプニッツが物理学の体系を築いたとすれば，物理学はおそらくいまのような形にはなっていなかっただろう。あくまで勝手な空想にすぎないが，ライプニッツなら「慣性の法則」ではなく，「最小作用の原理」を物理学の土台においたかもしれない。そんな空想を描きながら本講を読んでいただくと，最小作用の原理が意味することがより面白く理解できると思う。

　慣性の法則を，われわれは次のように理解する。

　まったく力の存在しない空間を物体が動いているとしよう。ある瞬間をみたとき，この物体はある速度を持っているが，次の瞬間，何の原因もなしにこの速度が変わるなどということがありうるだろうか。力があれば速度は変わる。しかし，物体に力が働いていないかぎり，物体の速度が変わる必然性はない。物体の速度を決める(言い換えれば，物体の軌道を決める)のは，瞬間瞬間に物体に働く力である。これが，ニュートン流の物理学の土台である。

●慣性の法則を最小作用の原理で表わす

ところで，次のような原理(法則)がある。

まったく力の存在しない空間を物体が動いている。物体は，時刻 t_0 には位置 x_0 にあり，時刻 t_1 には位置 x_1 にあるとしよう。時刻 $t_0 \leq t \leq t_1$ の間ずっと，物体の運動エネルギーを足し合わせたものを，時刻 $t_0 \leq t \leq t_1$ における**作用**(あるいは**作用積分**)と呼ぶことにする。すると，物体は作用が最小となる経路を選んで動く。

図4-1●物体は「作用」を最小にする経路を選ぶ

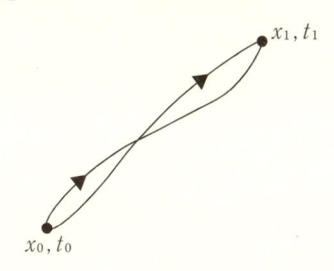

上の事実は，じつは慣性の法則と同じことをいっている。慣性の法則が正しければ上の事実が導けるし，上の事実から慣性の法則を導けるからである。しかし，われわれの合理的判断は，慣性の法則こそが土台にある真理であり，上の事実はその結果としてあるのだというふうに感じる。なぜなら，物体はある瞬間瞬間にその動きを決められているのであって，いまだ到達しない未来から逆算して運動の経路が決められるなどということはありえないと思うからである。しかし，本当のところはどうだろう？

物体は作用が最小の経路を選ぶという事実は，**最小作用の原理**と呼ばれる(上の例は外力がまったく存在しないという，特別の場合であるが)。原理という言葉を使うか法則という言葉を使うかは，たんなる習慣にすぎない。ひょっとすると，最小作用の原理があるから慣性の法則が成り立っているのかもしれない。量子力学は，世界が局所的な事象の積み重ねで成り立っているという考え方を否定し，空間的にも時間的にも離れ

た事象が互いに関連していると主張する。これは世界の成り立ちを考える１つの哲学である。そういう意味で，最小作用の原理は量子力学によく馴染み，ニュートン力学とは違った世界の見方を教えてくれるのである。これもまた解析力学の面白さである。

さて，実質的な話に入ろう。

まず手始めは，上に述べたのと同じ，力の存在しない空間を考える。当然慣性の法則が成立しているが，ここでは慣性の法則を前提とはせず，最小作用の原理を前提とする。話をより簡単にするために，質点の１次元の運動を考えよう。

質点は，時刻 $t=t_0$ では位置 x_0 に，時刻 $t=t_1$ では位置 x_1 にあるとする。この間の質点の速度を v とするが，慣性の法則を前提としないのだから，$v=$一定かどうかは分からない。いずれにしても，v は時間 t の関数であるはずだから，次のような積分 S を考える。

$$S = \int_{t_0}^{t_1} \frac{1}{2} mv^2(t)\,\mathrm{d}t$$

このとき，最小作用の原理は次のように主張する。

「質点は($t_0 < t < t_1$ でどのような経路をたどるかは未知であるが)，時刻 $t=t_0$ には位置 x_0 にあり，時刻 $t=t_1$ には位置 x_1 にあるものとする。このような条件をみたすあらゆる経路のうち，質点がじっさいにたどる経路は，積分値 S を最小にするような経路である」。

このような表現では，質点の位置と速度は刻々の周囲の条件によって決まるのではなく，t_0 から t_1 までの長い時間の積分値によって決められるのだというふうに取れる。われわれがこれを少し奇妙だと感じる理由は，ひとえにわれわれがニュートン流の力学に慣らされているからである。

一般的な証明は次講にゆずるとして，とりあえず最小作用の原理は慣性の法則と同じものであることを直観的なイメージで説明してみよう。

はじめ$(x=x_0, t=t_0)$とあと$(x=x_1, t=t_1)$の質点の位置と時刻は決まっているから，質点がどのような経路を取ろうと，平均の速度はすべて同じである。それを$\langle v \rangle$と書くと，

図4-2●どのような経路をたどろうと平均の速度⟨v⟩は同じ
（本文は1次元で進めているが，図はイメージが湧くよう2次元で描いている）

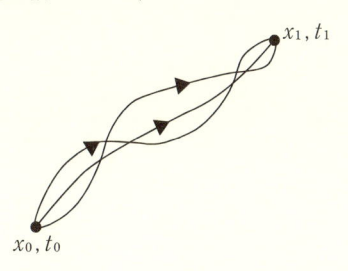

$$\langle v \rangle = \frac{x_1 - x_0}{t_1 - t_0} = 一定$$

である。いま，質点がたどるある経路のある瞬間において，質点の速度が平均速度⟨v⟩より大きければ，同じ経路のどこか別の瞬間において，質点の速度は平均速度⟨v⟩より小さくなくてはいけない。平均速度⟨v⟩に対するプラス・マイナスが，最終的には均(なら)されて，0になるはずである。速度 v に関してはその通りであるが，速度 v の2乗についてはどうだろうか。

　ある瞬間の速度 v が平均速度⟨v⟩より大きくても小さくても，そのずれの2乗すなわち $(v - \langle v \rangle)^2$ はつねにプラスだから，平均からのずれがあれば，必ず v^2 の合計（すなわち作用）は，最初から最後までずっと平均の速度で動いている場合よりも大きくなる。

図4-3●平均より速い瞬間があれば，必ず平均より遅い瞬間もある

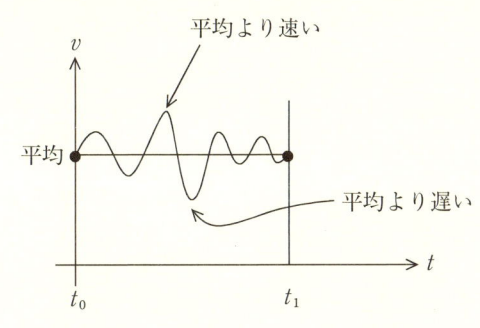

講義04●最小作用の原理　　45

きちんとやるとこうである。ある瞬間の速度 v を $v=\langle v \rangle + \delta v$ とすれば，

$$v^2 = (\langle v \rangle + \delta v)^2$$
$$= \langle v \rangle^2 + 2\langle v \rangle \delta v + \delta v^2$$

これを時間で足し合わせ(積分)したとき，δv の項はプラス・マイナス0，すなわち，

$$\int_{t_0}^{t_1} \delta v \mathrm{d}t = 0$$

であるが δv^2 の項は消えずに必ずプラスとして残るから，

$$\int_{t_0}^{t_1} v^2 \mathrm{d}t = \langle v \rangle^2 (t_1-t_0) + \int_{t_0}^{t_1} \delta v^2 \mathrm{d}t \geqq \langle v \rangle^2 (t_1-t_0)$$

となる。

つまり，v^2 の積分が最小値を取るのは，δv^2 の項が0のときであるが，これはどの瞬間においても，

$$\delta v = 0$$

のとき，S が最小となるということである。どの瞬間においても $\delta v=0$ ということは，質点はつねに速度 $\langle v \rangle$ (=一定)で動くということであり，これは慣性の法則にほかならない。

以上は式で書くと煩雑にみえるが，直感的には自明のことである。

あらためて，運動エネルギーを T と書けば，

$$\delta T = \delta \left(\frac{1}{2} m v^2 \right) = \frac{1}{2} m \delta v^2$$

だから，外力のない空間を質点が動くとき，質点がじっさいに動く経路に対して，

$$\delta S = \int_{t_0}^{t_1} \delta T \mathrm{d}t = 0$$

である。

●ポテンシャルがある場合の最小作用の原理──なぜ *L=T−U* なのか

次に，外力としてポテンシャル $U(x)$ が存在する場合を考えてみよう。合理的に考えて，ポテンシャルの存在が最小作用の原理を脅かす理由

は何もない．それゆえ，ポテンシャル $U(x)$ が存在するときにも，最小作用の原理が成立すると推測できる（証明は後でやろう）．ただ，もちろんポテンシャルがあるのとないのとでは，式が少し違ってくるのは当然である．

図4-4 (a) 外力が存在しないとき　　(b) 力学的エネルギー保存則より，上にある物体は δU 分だけ遅くなる

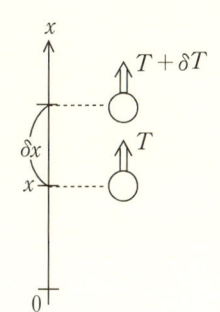

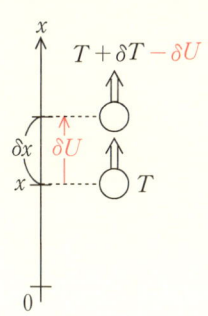

　図(a)は外力の存在しない場合で，時刻 t における質点のじっさいの位置 x と，そこから距離 δx だけ仮想変位した位置 $x+\delta x$ が示されている．すでにみたように，位置 x での質点の運動エネルギーを T とし，位置 $x+\delta x$ での質点の運動エネルギーを $T+\delta T$ としている（そして，δx が微小であるなら，$\delta T=0$ である）．

　図(b)は(a)と同じ座標軸 x を取っているが，ポテンシャル $U(x)$ が存在する場合である．直感的イメージが湧くように，ポテンシャルを地上の重力と想定し，x 軸は鉛直上向きを正としておく．(a)と同様に，時刻 t でのじっさいの質点の位置を x とし，それに対して仮想変位させた質点の位置を $x+\delta x$ としておく．このとき，イメージしやすいように，仮想変位させた（仮想の）質点は，じっさいの位置より上にあるように描いておく（$\delta x>0$）．

　さて，位置 x での質点の運動エネルギーを T としたとき，仮想変位させた質点の運動エネルギー $T+\delta T'$ は，外力のない場合の運動エネルギー $T+\delta T$ と同じであろうか．そんなことはあるまい．仮想変位といえども，変位は変位だから，ポテンシャル・エネルギーの存在は無視

できないはずである。すなわち、力学的エネルギー保存則が成立するとすれば、δx だけ上にいる質点の運動エネルギーは、その分のポテンシャル・エネルギーの増加分 δU だけ、少なくなくてはいけない（上にいる質点は下にいる質点より、遅く動く）。だから、$x+\delta x$ で期待される運動エネルギーの値は、$T+\delta T$ ではなく、$T+\delta T-\delta U(=T+\delta(T-U))$ のはずである。こうして、$T-U$ という項が現れてくる！

このときにも最小作用の原理が成立しているのだとすれば、

$$\delta S = \int_{t_0}^{t_1} \{T(x+\delta x) - T(x)\} dt$$
$$= \int_{t_0}^{t_1} \delta(T-U) dt = 0$$

とならねばならない。

あらためて、$L=T-U$ なる関数を導入すれば、

$$\delta \int_{t_0}^{t_1} L dt = 0$$

となる。

この L をラグランジアンと呼ぶわけだが、以上のような事情により、

$$L = T - U$$

すなわち、「ラグランジアンは、運動エネルギーから位置エネルギーを差し引いたもの」と定義されるわけである。

講義 01 でもみたように、ラグランジアン L は解析力学において主役級の重要な関数である。解析力学を少しでも学んだ人なら、必ず $L=T-U$ の定義に遭遇する。ほとんどの人は、それを腑に落ちないと思いながら天下り式に認めてしまうのだが、なぜ $T-U$ なのかは、直感的にいえば上のような単純な理由なのである。

次講では、最小作用の原理をもう少し一般化したハミルトンの原理を学び、そこから論理的に $L=T-U$ が導かれることを示そう。

演習問題 4-1

1次元の直線運動をする質量 m の質点が，時刻 $t=0$ で $x=0$ にあり，時刻 $t=t_1$ で $x=h$ にあるとする。このとき，t_1 と h の間には，

$$h = \frac{1}{2} g t_1^2$$

なる関係があるとする(これは質点が等加速度運動するということ**ではない**。等加速度運動を想定したときに計算しやすいために，便宜上，このような設定にしているだけである)。

以下の設問に答えよ。

(1) この空間にポテンシャルが存在しない場合。

このとき，質点が距離 h を等速度で運動する場合と，距離 h を一定の加速度 g で運動する場合の作用積分をそれぞれ求め，その大小関係を比べよ。

図4-5●

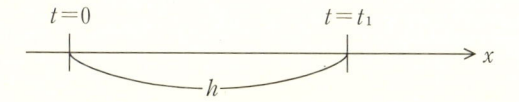

(2) この空間に重力ポテンシャルがある場合。質点の $x=0$ におけるポテンシャルは，$x=h$ におけるポテンシャルより mgh だけ大きいとする。

このとき，質点が距離 h を等速度で運動する場合と，距離 h を初速度 0，一定の加速度 g で運動する場合の作用積分をそれぞれ求め，その大小関係を比べよ。

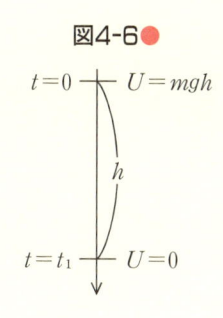

図4-6●

解答&解説

この種の問題が試験に出ることは，あまりない。この問題をここにおく理由は，作用積分とは何なのかを，鉛筆を動かすことによって実感し

ていただくためである．最小作用の原理は，ニュートン力学を学んできたわれわれには馴染みにくい概念であって，テキストを読み流していると分かったようなつもりになるのだが，じつのところはよく理解していないということが往々にしてある．この単純化した問題で，そこのところを理解していただこうという主旨である．

(1) ポテンシャルが存在しないので，じっさいの質点の運動は慣性の法則に従って等速度運動である．しかし，仮想的な運動としては，加速度 g の運動も考えうる．その両者について作用積分を計算してみようというわけである．

質点の時刻 $t=0$ の位置を $x=0$ としたとき，質点が時刻 t_1 にいる位置は題意のとおり，

$$h = \frac{1}{2} g t_1^2$$

であるが，問題文にもあるように，これは質点が等加速度運動をするということをいっているのではなく，たまたま h と t_1 の関係をそうしておくというだけのことである．

質点が等速度運動をするときの速度を v_0 とすると，上式より，

$$v_0 = \frac{h}{t_1} = \frac{1}{2} g t_1$$

である．

図4-7●

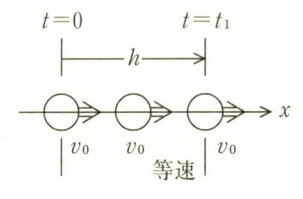

質点の運動の時刻 $t=0$ から $t=t_1$ までの作用積分を S_1 とすると，

$$S_1 = \int_0^{t_1} \frac{1}{2} m v_0^2 \mathrm{d}t = \int_0^{t_1} \frac{1}{8} m g^2 t_1^2 \mathrm{d}t$$

被積分関数は定数だから（v_0 が定数だから当然である），

$$S_1 = \left[\frac{1}{8}mg^2t_1^2 \cdot t\right]_0^{t_1} = \frac{1}{8}mg^2t_1^3 \quad \cdots\cdots ①$$

である。

図4-8●

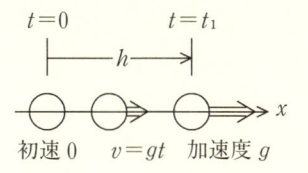

$t=0 \qquad t=t_1$
$\longmapsto h \longrightarrow$
初速 0　　$v=gt$　　加速度 g

　次に，この空間を仮想的に加速度 g で動く質点を考えよう。質点の初速度を 0 とすれば，質点は時刻 t_1 に $x=h$ の位置に来る。このとき，質点の時刻 t での速度 v は（等加速度運動の公式より），

$$v = gt$$

であるから，$t=0$ から $t=t_1$ までの作用積分を S_2 とすると（ポテンシャルのない自由空間だから），

$$S_2 = \int_0^{t_1} \frac{1}{2}mv^2 dt = \int_0^{t_1} \frac{1}{2}mg^2t^2 dt$$
$$= \left[\frac{1}{6}mg^2t^3\right]_0^{t_1} = \frac{1}{6}mg^2t_1^3 \quad \cdots\cdots ②$$

式①と式②を比べれば，

$$S_1 < S_2$$

である。

　ポテンシャルのない空間では，質点は等速度運動をするから，質点が仮想的にとりうるあらゆる運動のうち，その作用は S_1 が最小である。

　蛇足であるが，$mg^2t_1^3$ の次元は，エネルギー×時間という作用の次元になっている。

(2)　重力ポテンシャルのある場合，質点のラグランジアン L は，

　　$L = T$(運動エネルギー) $- U$(ポテンシャル・エネルギー)

としなければならない。

　ここで，図4-9 からも明らかなように，鉛直下向きに x 軸を取れば，$x=0$ をポテンシャルの原点として，

講義04●最小作用の原理

図4-9

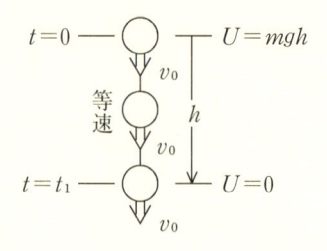

$$U = -mgx$$

である。よって，
$$L = T - U$$
$$= \frac{1}{2}mv^2 - (-mgx) = \frac{1}{2}mv^2 + mgx$$

質点が仮想的に等速度運動をするとすれば，
$$\begin{cases} v = \dfrac{h}{t_1} = \dfrac{1}{2}gt_1 \quad (= 一定) \\ x = vt = \dfrac{1}{2}gt_1 \cdot t \end{cases}$$

であるから，時刻 $t=0$ から $t=t_1$ までの作用積分 S_3 は，
$$S_3 = \int_0^{t_1} L\,dt = \int_0^{t_1} \left\{ \frac{1}{2}m\left(\frac{1}{2}gt_1\right)^2 + mg \cdot \frac{1}{2}gt_1 \cdot t \right\} dt$$
$$= \left[\frac{1}{8}mg^2 t_1^2 \cdot t + \frac{1}{4}mg^2 t_1 \cdot t^2 \right]_0^{t_1} = \frac{3}{8}mg^2 t_1^3 \quad \cdots\cdots ③$$

図4-10

質点が加速度 g で等加速度運動する場合（現実の質点の運動）の作用積分 S_4 は，

$$S_4 = \int_0^{t_1} L\,dt = \int_0^{t_1} \left(\frac{1}{2}mv^2 + mgx\right)dt$$

であるが，

$$v = gt, \quad x = \frac{1}{2}gt^2$$

だから，

$$S_4 = \int_0^{t_1} \left(\frac{1}{2}mg^2t^2 + \frac{1}{2}mg^2t^2\right)dt$$

$$= \frac{1}{3}mg^2t_1^3 \quad \cdots\cdots ④$$

式③と式④を比べれば，

$$S_4 < S_3$$

で，ポテンシャルがある場合には，加速度 g の運動をする方が作用積分が小さい。

　このような特別の場合だけを取り上げても何の証明にもならないが，作用積分を求めるとはどういうことなのかということは，実感いただけたのではなかろうか。

LECTURE 05 ハミルトンの原理

前講では，最小作用の原理をごく直感的に説明した。そこでは，ラグランジアン $L(=T-U)$ という重要な関数を導いたが，これらのことは，考えている系が中心力すなわちポテンシャルによる力だけを受けている場合に適用されるのである。本講では，その議論を，ポテンシャル以外の力が働いている系に拡張し，より一般的なハミルトンの原理というものを導いてみたい。数式による説明が多くなるが，最終的に最小作用の原理が導かれるのだということを念頭において，じっくりと追っていただければ，見た目ほどのむずかしさはないことが分かるであろう。

● 1 質点の 1 次元の運動でハミルトンの原理を導く

まずは，質量 m の1つの質点の1次元の運動から考えよう。

何らかの方法で質点の運動方程式を解けば，質点の位置 x は時間 t の関数として表わされる。すなわち，

$$x = x(t)$$

質点の運動エネルギーを T とすると，

$$T = \frac{1}{2}m\dot{x}^2$$

であるが，$x=x(t)$ を使えば，運動エネルギー T もまた時間 t の定まった関数として表わされる。そこで，この T を時刻 t_0 から t_1 まで時間 t で積分した量，

$$I = \int_{t_0}^{t_1} T(t)\,\mathrm{d}t$$

を考えてみることにする(前講の作用 S と同じ考え方である)。

図5-1 ●本文は1次元で進めているが，図はイメージが湧くよう
2次元で描いている

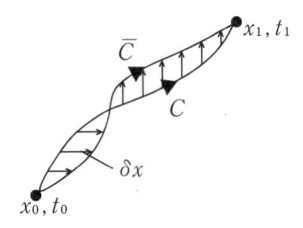

　質点は，時刻 t_0 で位置 x_0 にあり，時刻 t_1 で位置 x_1 にあるという縛りだけを課し，じっさいに質点が動く軌道 C に対して，わずかに仮想変位させた軌道 $\bar{C}$ を考えてみよう。軌道 $\bar{C}$ を通る仮想的な質点の位置と運動エネルギーは，軌道 C のものとは当然，少し違ってくるだろうから，その積分も違ってくる。それらを $\bar{x}(t), \bar{T}(t), \bar{I}$ とし，積分の差，$\bar{I} - I = \delta I$ を求めてみることにしよう。

　ある時刻 t を固定したときの仮想変位を δx とすれば，
$$\delta x = \bar{x}(t) - x(t)$$
であるから，それらの時間微分は，
$$(\dot{\delta x}) = \dot{\bar{x}} - \dot{x}$$
となる。

　時刻 t を固定しているのに，時間 t で微分できるのかという素朴な疑問があるかもしれないが，時刻 t を固定しても，その瞬間の質点の速度 $v(t)$ は存在するのであり，つまりは時間微分は存在するのである。「仮想」なので，そういうことが可能なのである。

　よって，
$$\begin{aligned}\bar{T} - T &= \frac{1}{2} m \dot{\bar{x}}^2 - \frac{1}{2} m \dot{x}^2 \\ &= \frac{1}{2} m \left[\{\dot{x} + (\dot{\delta x})\}^2 - \dot{x}^2 \right] \\ &= \frac{1}{2} m \{2 \dot{x} (\dot{\delta x}) + (\dot{\delta x})^2\} \\ &\fallingdotseq m \dot{x} (\dot{\delta x})\end{aligned}$$

$(\dot{\delta x})^2$ は，2次の微小量だから無視する(付録　微分の考え方)。

そこで，
$$\delta I = \bar{I} - I = \int_{t_0}^{t_1} (\bar{T} - T)\,\mathrm{d}t$$
$$= \int_{t_0}^{t_1} m\dot{x}\,(\delta\dot{x})\,\mathrm{d}t$$

であるが，部分積分法(付録「やさしい数学の手引」参照)によって，
$$\delta I = \left[m\dot{x}\delta x \right]_{t_0}^{t_1} - \int_{t_0}^{t_1} m\ddot{x}\delta x\,\mathrm{d}t$$

となる。ここで，右辺の第1項は0である。なぜなら，時刻 t_0 と t_1 においては，質点は変位しない，すなわち $\delta x = 0$ という縛りを課しているからである。よって，

$$\delta I = -\int_{t_0}^{t_1} m\ddot{x}\delta x\,\mathrm{d}t$$

さて，上式右辺の積分の中の $m\ddot{x}$ は，まさに運動方程式の質量×加速度にほかならないから，これは質点に働く力 F のことである。よって，

$$\delta I = -\int_{t_0}^{t_1} F\delta x\,\mathrm{d}t$$

$F\delta x$ は質点になされた仮想仕事，つまり質点が軌道 C から軌道 $\bar{C}$ へ移るときに外力 F がなす仕事である。これを W と書くと，

$$\delta I = -\int_{t_0}^{t_1} W\,\mathrm{d}t$$

そもそも

$$\delta I = \int_{t_0}^{t_1} \delta T\,\mathrm{d}t$$

であるから，けっきょく，

$$\int_{t_0}^{t_1} (\delta T + W)\,\mathrm{d}t = 0$$

という結論を得る。これを一般に**ハミルトンの原理**と呼ぶ。

●ハミルトンの原理は仮想変位における仕事とエネルギーの関係である

ここでは逆の計算はおこなわないが，ハミルトンの原理から容易にニ

ュートンの運動方程式を導くことができる。それゆえ，ニュートンの運動方程式とハミルトンの原理は，同等なものである。

　高校物理を勉強された方は，力学の問題を解く際に，ニュートンの運動方程式を使わないで，物体が移動する全体にわたって仕事とエネルギーの関係から解く方が簡単であることを経験されたことだろう。じつは，ここで用いた計算テクニックは，ニュートンの運動方程式から仕事とエネルギーの関係式を導くものとまったく同じである。ハミルトンの原理もまた，いかにも高踏な理論のようにみえて，仕事とエネルギーの関係式なのである。

●ハミルトンの原理から最小作用の原理を導く

　さて，質点に働く外力がポテンシャルであるような系に，ハミルトンの原理を適用してみよう。

図5-2●重力がする仕事 $W = mg \times \delta x$ は，位置エネルギー $mg\delta x$ の減少分である

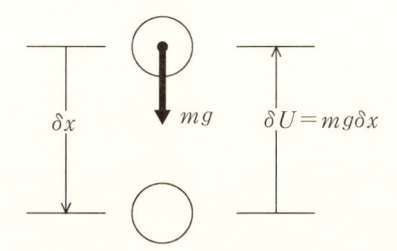

図のように，1次元の重力ポテンシャルをイメージすれば，
$$W = -\delta U$$
は明らかだから，
$$\int_{t_0}^{t_1} (\delta T - \delta U)\,\mathrm{d}t = 0$$
ここで，$T - U = L$ とおけば，
$$\delta \int_{t_0}^{t_1} L\,\mathrm{d}t = 0$$
ということで，前講の最小作用の原理が出てきた。

●質点系への拡張

以上，1質点の1次元の運動について述べてきたことは，n個の質点の3次元運動に容易に拡張される。Tは全質点の運動エネルギーの合計であり，Wは全質点に働くすべての外力が仮想的にする仕事とすればよい。ここでWには，束縛力がする仕事を含めなくてよい。なぜなら束縛力がする仕事 $\boldsymbol{R}\cdot\delta\boldsymbol{x}$ は0だからである。

一般に，n個の質点がh個の束縛を受けている場合についての，議論の筋道を書いておこう。

n個の質点の運動の解，
$$x_i = x_i(t) \quad (i=1,2,3,\cdots,3n)$$
は，講義03でみたように，次の運動方程式および束縛条件から計算される。

$$m_i \ddot{x}_i = F_i + \sum_{\nu=1}^{h} \lambda_\nu \frac{\partial f_\nu}{\partial x_i} \quad (i=1,2,3,\cdots,3n) \quad \cdots\cdots(*)$$

$$f_\nu(x_1, x_2, x_3, \cdots, x_{3n}) = 0 \quad (\nu=1,2,3,\cdots,h)$$

これらの方程式から出発して，演繹的な議論より，ハミルトンの原理，

$$\int_{t_0}^{t_1} (\delta T + W)\,\mathrm{d}t = 0 \quad \cdots\cdots(**)$$

が導かれる。またその逆も真である。よって，運動方程式($*$)とハミルトンの原理($**$)は，まったく同等なことをいっている。それゆえ，ハミルトンの原理が，力学の根本法則であるということも可能なのである。

ハミルトンの原理のような考え方(じっさいに観測される現象が，ある関数の積分の極値となる)を，一般に**変分原理**と呼ぶ。変分原理は，ニュートン力学のいわば「数学化」によって生まれてきたものであるが，ニュートン力学を超えて適用されるところに特徴がある。たとえば，熱現象や光学現象，電磁気学，さらには場の量子論などで，変分原理はしばしば有用な手法となっている。

●解析力学を創った人々

ダランベール(1717-1783)

講義 LECTURE 06 ラグランジュの方程式

　本講では，いよいよ解析力学の目玉の1つであるラグランジュの方程式を導くことにするが，そのためには1つの重要な準備をしておかねばならない。

　解析力学がニュートン力学よりも広く応用される理由の1つは，すでに述べたことであるが，仕事やエネルギーといったスカラー量を用いて方程式を立てるところにある。仕事やエネルギーはベクトルと違って成分に分解するということがないから，当然，どのような座標系を用いても，その値が変わるということがない。このことと関連して，解析力学のもう1つの重要な特徴が浮かび上がってくる。つまり，本講で導くラグランジュの運動方程式や講義08で導くハミルトンの方程式は，どのような座標系を用いても形が変わらないのである。

● 広義座標の導入

　ラグランジュの運動方程式に現れる座標は，広義座標と呼ばれる。つまり，デカルト座標とか球座標とかといった具体的な座標系ではなく，それらを包含する一般的な座標系である。

　できるだけ分かりやすくという本書の基本方針に従って，当面，1個の質点の2次元平面上での運動について考えていくことにしよう（1次元では単純すぎて，座標変換もかえってイメージしにくいだろうから）。

　問1　2次元デカルト座標 x-y を，2次元球座標 r-φ で表わせ。
　　また，その逆変換式（すなわち r-φ を x-y で表わす）を求めよ。

図6-1●

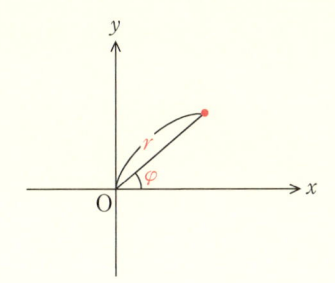

解答 図6-2より，

$$x = r \cos \varphi \quad \cdots\cdots ①$$
$$y = r \sin \varphi \quad \cdots\cdots ②$$

図6-2●

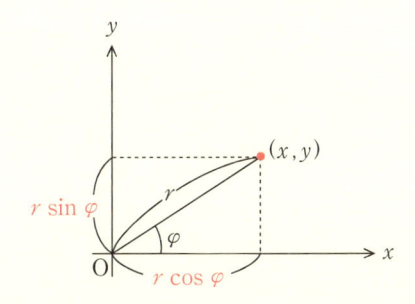

逆変換は，式①，②から，$r =$……，$\varphi =$……の形を求めればよいから，たとえば，式①²＋式②² として，

$$r^2(\cos^2 \varphi + \sin^2 \varphi) = x^2 + y^2$$

$\sin^2 \varphi + \cos^2 \varphi = 1$ だから，

$$r = \sqrt{x^2 + y^2}$$

r は原点からの長さであるから，つねに正である。

φ を求めるには，式②÷式①として r を消去すればよい。すなわち，

$$\tan \varphi = \frac{y}{x}$$

tan の逆関数を arctan と書いて，

$$\varphi = \arctan \frac{y}{x} \quad (0 \leqq \varphi < 2\pi) \qquad ◆$$

2次元平面上にある1つの質点の位置を指定するには，デカルト座標

講義06●ラグランジュの方程式 **61**

なら (x, y)，球座標なら (r, φ) というふうに，2つの指標が必要である。一般にどんな座標系を取ろうとも，2次元平面なら2つの指標が必要なことは直感的に明らかである。

1つの指標では十分でないことは明らかだが，3つ以上で指定することは可能である。ただし，この場合も，互いに独立な指標は2つで，残る1つは他の2つの指標で表わすことができる。

そこで一般的な座標として (q_1, q_2) という記号を用いることにしよう。これは，デカルト座標も球座標も含め，あらゆる座標系を一般化した座標で，**広義座標**と呼ばれる。

2次元デカルト座標を (x_1, x_2) と書けば，2次元の広義座標 (q_1, q_2) は，2次元デカルト座標との間に1対1の関係があるはずである。つまり，問1と同様にして，

$$x_1 = x_1(q_1, q_2), \quad x_2 = x_2(q_1, q_2)$$

であり，また，

$$q_1 = q_1(x_1, x_2), \quad q_2 = q_2(x_1, x_2)$$

である。ようするに，上式は座標変換の式を一般的に書いたものである。今後，広義座標とデカルト座標の変数は，必ず1対1に対応するものとしておこう。

2つの座標系がその位置関係を互いに固定しているとは限らない。たとえば，1つの座標系が他の座標系に対して並進運動をしていたり，回転したりしている場合，互いの座標変換の関係式の中には時間 t が現れることになる。たとえば，(x_1, x_2) と (q_1, q_2) の間には，

$$x_1 = x_1(q_1, q_2, t)$$
$$x_2 = x_2(q_1, q_2, t)$$

という関係があることになる。次の問をやっていただければその意味が分かるであろう。

問2 z 軸を回転軸として，x-y 平面上を角速度 ω で反時計回りに回転している

円板がある。この円板上に固定された2次元球座標(r, φ)を取るとき、座標(x, y)と座標(r, φ)の関係を時間tを用いて表わせ。

図6-3●

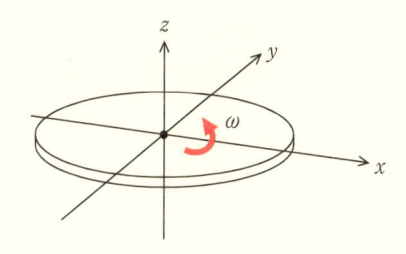

解答 もし、円板が静止していれば、(x, y)と(r, φ)の関係は問1の通りである。しかし、じっさいには円板は角速度ωで回転しているのだから、時刻tには、角φは$\varphi + \omega t$まで移動している（図6-4）。よって、

$$x = r\cos(\varphi + \omega t)$$
$$y = r\sin(\varphi + \omega t)$$

図6-4●時刻tには、角度は$\varphi \to \varphi + \omega t$に変化する。

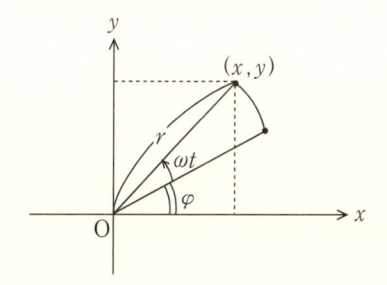

◆

●広義座標にしておけば変数を減らしやすい

　広義座標(q_1, q_2)などというものを考える理由は、話を複雑にするためではなく、問題を簡単に解くためである。問題がすべてデカルト座標(x_1, x_2)で簡単に解けるのなら、わざわざ別の座標を持ち出してくる必要はない。われわれはこれまである曲線や曲面に束縛された質点というものをみてきた。もし、束縛の条件が広義座標の変数のどれかと一致す

れば，変数を1つ減らすことができるのではないだろうか。

　たとえば，半径 r の円に束縛された質点を考えてみる(なめらかに滑る円形のリングに，ビーズ玉がはめられている状態を想像すればよい)。x-y 平面上に円をおき，円の中心を原点 O に一致させる。

図6-5●

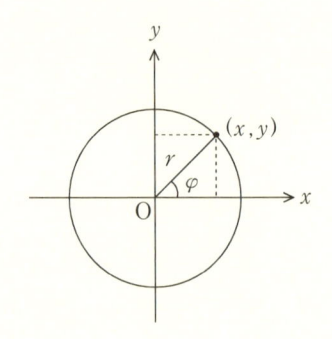

　このとき，デカルト座標(x,y)を用いるなら，質点の位置は当然，変数 x,y の2つで表わさねばならない。変数を減らすには，束縛条件：$x^2+y^2=r^2$ を使うことになる。

　しかし，デカルト座標の代わりに球座標(r,φ)を使えばどうだろう？ 束縛条件は，$r=$一定だが，この r がまさに変数なのだから，質点の位置は1つの変数 φ だけで表わせばよいことになる。労せずして変数を1つ減らすことができた。

　しかし，束縛条件が円形ではなく楕円になれば球座標も不便である。こういうときには，楕円座標というものを使えばよい。どんな束縛条件でも，それに合わせた座標系を理屈の上では作ることができる。

　ここで，ラグランジュの方程式の導入とは直接関係はないが，広義座標の1例として，オイラー角の問題をやっていただこう。オイラー角は剛体の運動を扱うときにしばしば使われる。

演習問題 6-1

剛体がデカルト座標 x-y-z に対してどれだけ傾いているかを示すには，3つの角を指定すればよい。

まず z 軸を固定して，z 軸のまわりに角 φ（ファイ）だけ回転する（操作1）。

次に，操作1で回転した y 座標（y'）を固定して，y' 軸のまわりに角 θ だけ回転する（操作2）。

さらに，操作2によって回転した z 座標（ζ ゼータ）を固定して，ζ 軸のまわりに角 ψ（プサイ）だけ回転する（操作3）。

操作1，2，3によって動いた新しい座標軸を，x-y-z の順に，ξ（グザイ）-η（イータ）-ζ として，ξ-η-ζ と x-y-z の間の関係を，θ, φ, ψ を使って表わせ。

図6-6

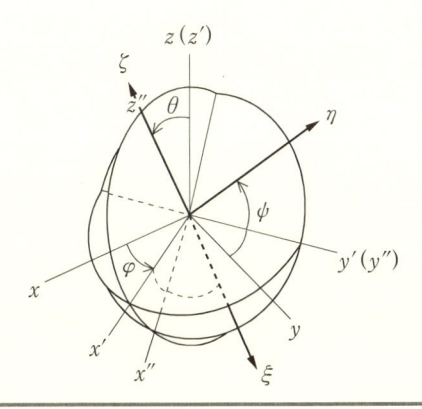

解答&解説

角 θ, φ, ψ はオイラーの角と呼ばれる。一見，複雑そうにみえるが，図のようにこまの運動を想定すると分かりやすい（じっさいこの問題は，講義07 実戦問題7-1（92ページ）で，こまの運動を解析するための準備である）。デカルト座標 x-y-z を，z 軸を鉛直上向き，x-y 平面を水平面として空間に固定する。

ふつうこまは鉛直線から少し傾いて，歳差運動（みそすり運動ともい

図6-7 ● こまの動きで見るオイラーの角

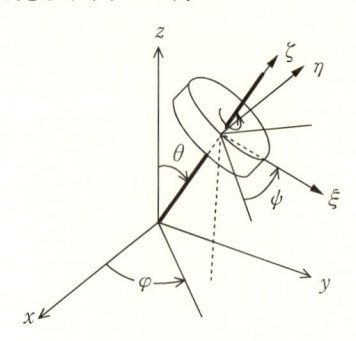

う)をしながら回転する。こまの鉛直線からの傾きが θ であり,歳差運動によって,z 軸の真上から照射した光の影が x–y 平面をゆっくり回転する,その回転角が φ である。また,こまは中心軸のまわりを回転しているが,このこまの自転の角度が ψ である。

剛体としてのこまが鉛直方向に静止している状態で,空間に固定したデカルト座標 x–y–z と同じ形で座標軸 ξ–η–ζ をこまに固定する。その後,こまが回転しているとき,座標軸 ξ–η–ζ が座標軸 x–y–z に対してどれだけ傾いているかを指定するのが,オイラーの角 θ–φ–ψ である。

操作1,2,3のそれぞれは,1つの軸を固定してそのまわりの回転であるから,問1でみた2次元の座標回転と同じである。そこで,それらの回転を表わす式を書いてみよう。

《操作1》z 軸を固定し,角 φ だけ回転させる。

図6-8 ● z 軸正方向からみた x–y 平面

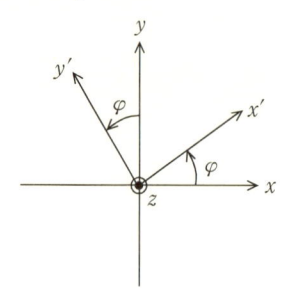

この操作で,座標軸 x–y–z が座標軸 x'–y'–z' に移るとすれば,

$$\begin{cases} x' = x\cos\varphi + y\sin\varphi \\ y' = -x\sin\varphi + y\cos\varphi \\ z' = z \end{cases}$$

この変換行列を A_1 として，行列算で表わせば，

$$\begin{pmatrix} x' \\ y' \\ z' \end{pmatrix} = A_1 \begin{pmatrix} x \\ y \\ z \end{pmatrix}, \quad A_1 = \begin{pmatrix} \cos\varphi & \sin\varphi & 0 \\ -\sin\varphi & \cos\varphi & 0 \\ 0 & 0 & 1 \end{pmatrix}$$

《操作2》 y' 軸を固定し，角 θ だけ回転させる。

図6-9● y' 軸正方向から見た x'-z' 平面

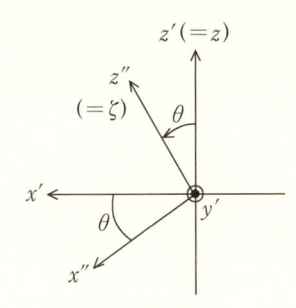

この操作で，座標軸 x'-y'-z' が座標軸 x''-y''-z'' に移るとすれば，

$$\begin{cases} x'' = x'\cos\theta - z'\sin\theta \\ y'' = y' \\ z'' = x'\sin\theta + z'\cos\theta \end{cases}$$

この変換行列を A_2 として，行列算で表わせば，

$$\begin{pmatrix} x'' \\ y'' \\ z'' \end{pmatrix} = A_2 \begin{pmatrix} x' \\ y' \\ z' \end{pmatrix}, \quad A_2 = \begin{pmatrix} \cos\theta & 0 & -\sin\theta \\ 0 & 1 & 0 \\ \sin\theta & 0 & \cos\theta \end{pmatrix}$$

《操作3》 z'' 軸を固定し，角 ψ だけ回転させる。

この操作で，座標軸 x''-y''-z'' が座標軸 ξ-η-ζ に移るとすれば，

$$\begin{cases} \xi = x''\cos\psi + y''\sin\psi \\ \eta = -x''\sin\psi + y''\cos\psi \\ \zeta = z'' \end{cases}$$

講義06●ラグランジュの方程式

図6-10 ● z'' 軸正方向から見た x''-y'' 平面

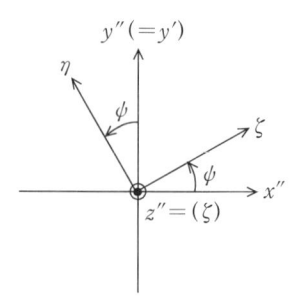

この変換行列を A_3 として,行列算で表わせば,

$$\begin{pmatrix} \xi \\ \eta \\ \zeta \end{pmatrix} = A_3 \begin{pmatrix} x'' \\ y'' \\ z'' \end{pmatrix}, \quad A_3 = \begin{pmatrix} \cos\psi & \sin\psi & 0 \\ -\sin\psi & \cos\psi & 0 \\ 0 & 0 & 1 \end{pmatrix}$$

以上をまとめれば,

$$\begin{pmatrix} \xi \\ \eta \\ \zeta \end{pmatrix} = A_3 A_2 A_1 \begin{pmatrix} x \\ y \\ z \end{pmatrix}$$

となるから,けっきょく,x-y-z から ξ-η-ζ への変換行列を A とすれば,

$A = A_3 A_2 A_1$

$= \begin{pmatrix} \cos\varphi & \sin\varphi & 0 \\ -\sin\varphi & \cos\varphi & 0 \\ 0 & 0 & 1 \end{pmatrix} \begin{pmatrix} \cos\theta & 0 & -\sin\theta \\ 0 & 1 & 0 \\ \sin\theta & 0 & \cos\theta \end{pmatrix} \begin{pmatrix} \cos\psi & \sin\psi & 0 \\ -\sin\psi & \cos\psi & 0 \\ 0 & 0 & 1 \end{pmatrix}$

$= \begin{pmatrix} \cos\theta\cos\varphi\cos\psi - \sin\varphi\sin\psi & \cos\theta\sin\varphi\cos\psi + \cos\varphi\sin\psi & -\sin\theta\cos\psi \\ -\cos\theta\cos\varphi\sin\psi - \sin\varphi\cos\psi & -\cos\theta\sin\varphi\sin\psi + \cos\varphi\cos\psi & \sin\theta\sin\psi \\ \sin\theta\cos\varphi & \sin\theta\sin\varphi & \cos\theta \end{pmatrix}$

となる。◆

オイラーの角 θ-φ-ψ のうち,θ と φ に関しては球座標と同じ測り方をするが,球座標が r-θ-φ の3変数で空間の1点を指定するのに対して,θ-φ-ψ は座標系そのものの回転を指定する。この回転によって変

化する座標の読みは ξ-η-ζ である。

広義座標の定義からいえば，3次元の広義座標 q は，
$$q_r = (x, y, z) \quad (r = 1, 2, 3)$$
の形の変換式で表わされねばならないが，オイラーの角 θ-φ-ψ をそのような形で表わすことはできない。θ-φ-ψ の値を具体的に与えた結果として，ξ-η-ζ が x-y-z によって表わされるのである。

それゆえ θ-φ-ψ はいわば「擬座標」とでも呼ぶべき変数であるのだが，ラグランジュの方程式では，そうした「擬座標」もまさに広義座標として扱うことができるのである。

●ラグランジュ方程式の導出

広義座標 (q_1, q_2) を準備したところで，いよいよラグランジュの方程式を導くことにしよう。繰り返し強調していることだが，本書が目指していることは，できるだけ簡単に単純に解析力学を理解することである。それゆえ，目下のところ対象とする質点は1つで，しかも x-y の2次元平面上の運動を考える。さらに，この質点が受ける力は（束縛力を除き）ポテンシャル $U(x_1, x_2)$ によるものだけとしよう（ようするに，重力やクーロン力といった，位置エネルギーで書ける力である）。多くの粒子が存在する質点系で，かつポテンシャル以外の力が働く場合については，実戦問題 6-1 で扱うことにする。

広義座標とデカルト座標の関係を，あらためて書けば次のようである。
$$x_1 = x_1(q_1, q_2, t)$$
$$x_2 = x_2(q_1, q_2, t)$$
一般に，互いの座標系は時間とともに変化することがあるが，すでにダランベールの原理のところでみてきたように，仮想変位 δx は時間 t をいったん止めておこなうこととした。それゆえ，仮想変位 δx を考えているときには，t は定数だと見なしておけばよい。

仮想変位 δx を広義座標の仮想変位 δq に直すことを考えよう。偏微分の基本公式（付録「やさしい数学の手引き」参照）より，

$$\delta x_1 = \frac{\partial x_1}{\partial q_1}\delta q_1 + \frac{\partial x_1}{\partial q_2}\delta q_2$$

$$\delta x_2 = \frac{\partial x_2}{\partial q_1}\delta q_1 + \frac{\partial x_2}{\partial q_2}\delta q_2$$

くどいようだが，上式に時間 t は現れない。なぜなら，$\delta t = 0$ だからである。

慣れないうちは，上のように式を1つ1つ自分の手で書いてみるのがよい。しかし，しばらくすると，同じ式の形でいちいち添字だけを変えて書くのが面倒になってくる。そこで，エィーヤーとやってしまうことになる。

$$\delta x_i = \sum_{r=1}^{2}\frac{\partial x_i}{\partial q_r}\delta q_r \qquad (i = 1, 2)$$

このようにΣを使った式にしてしまうと，n個の質点に拡張するのはきわめて簡単である。rを1から$3n$まで，iもまた1から$3n$までとするだけでよいのだから。しかし，とりあえずは1つ1つ書いていくことにしよう。

ここからしばらく，抽象的に式をひねくり回すことになるが，「何をどうしようとしているのか」ということさえしっかり把握しておけば，何らむずかしいところはない。

話の核心にあるのは，最小作用の原理である(一般的にいえば，ハミルトンの原理であるが，ラグランジアン $L(=T-U)$ で記述される系では最小作用の原理となる)。講義04 で，少々哲学的な話をしながら，ニュートンの運動方程式と最小作用の原理は，1つの自然法則の2つの違った見方であることを示した。そして解析力学では，最小作用の原理をつねに基礎におくのである。そこで，われわれがやろうとしていることは，「最小作用の原理を広義座標を使って記述しよう」ということである。

講義04 でみたように，最小作用の原理はラグランジアン L を使って，次のように書ける。

$$\delta \int_{t_0}^{t_1} L\mathrm{d}t = 0$$

あらためてこの式の意味を述べておけば，質点が時刻 $t=t_0$ にある決まった位置 X_0 にあり，時刻 $t=t_1$ にはある決まった位置 X_1 にあるとき，その間において質点が取りうる経路のうちじっさいに実現される経路は，この時間にわたって質点のラグランジアン L を足し合わせたものが**停留値**を取るような経路である，ということである。

$\delta L=0$ を，L の停留値という。高校数学の微分で学んだように，ある関数 $f(x)$ の極値は，微分係数 $\dfrac{df}{dx}=0$ の点を求めればよいが，それは $df=0$ と同じことである。

図6-11

極小　　　　極大　　　　変曲点

停留値には，極大，極小，変曲点があり(図6-11)，ハミルトンの原理はそのいずれもが可能であることを示している。しかし，重力ポテンシャルのもとでの運動のような扱いやすい力学系では，直感的にそれは極小点である。それゆえ，最小作用の原理と呼ぶわけである。

ここで，$L=T-U$ であるが，デカルト座標では運動エネルギー T は $\dot{x}$ だけの関数，ポテンシャル(位置エネルギー) U は x だけの関数である。しかし，広義座標に移ると必ずしもそうとは限らない。簡単な例として円運動を考えると，高校物理で学ぶ公式 $v=r\omega(=r\dot{\varphi})$ で分かるように，球座標を使ったときの速度は，r と $\dot{\varphi}$ の関数となっている。そこで，ラグランジアン L は一般に，q と $\dot{q}$ の関数と見なすことにしよう(ただし，ポテンシャルに関していえば，その定義からして q だけの関数と見なしてよいのだが，ここではそれも不問にしよう)。そこで，

$$\delta L=\left(\frac{\partial L}{\partial q_1}\delta q_1+\frac{\partial L}{\partial q_2}\delta q_2\right)+\left(\frac{\partial L}{\partial \dot{q}_1}\delta \dot{q}_1+\frac{\partial L}{\partial \dot{q}_2}\delta \dot{q}_2\right)$$

となる。ここで，

$$\delta\dot{q} = \delta\left(\frac{\mathrm{d}}{\mathrm{d}t}q\right) = \frac{\mathrm{d}}{\mathrm{d}t}(\delta q)$$

としてよいだろうから、δL をすべて仮想変位 δq で表わすことができる。

$$\delta L = \left\{\frac{\partial L}{\partial q_1} + \frac{\partial L}{\partial \dot{q}_1}\cdot\frac{\mathrm{d}}{\mathrm{d}t}\right\}\delta q_1 + \cdots$$

ただし、$\delta q_1, \delta q_2$ と同じことを書くのはだんだん面倒になってきたから、δq_2 の項は省略してある（省略がいやなら Σ 記号ということになる）。

ところで、このままでは右辺第 2 項が $\frac{\mathrm{d}}{\mathrm{d}t}$ のまま尻切れとんぼになってしまっているから、ここを何とかしなければならない。ほしいのは積分値だから、この第 2 項だけに、ハミルトンの原理を導いたときと同じように、部分積分法の公式をあてはめてみよう（ただし、q の添字は省略する。部分積分法については、付録参照）。すると、

$$\int_{t_0}^{t_1}\frac{\partial L}{\partial \dot{q}}\left(\frac{\mathrm{d}}{\mathrm{d}t}\delta q\right)\mathrm{d}t = \left[\frac{\partial L}{\partial \dot{q}}\cdot\delta q\right]_{t_0}^{t_1} - \int_{t_0}^{t_1}\frac{\mathrm{d}}{\mathrm{d}t}\left(\frac{\partial L}{\partial \dot{q}}\right)\delta q\,\mathrm{d}t$$

右辺第 1 項は、時刻 t_0 と t_1 で $\delta q = 0$ だから、0。そこで δL の積分をまとめて書けば、

$$\delta\int_{t_0}^{t_1} L\,\mathrm{d}t = \int_{t_0}^{t_1}\left[\left\{\frac{\partial L}{\partial q_1} - \frac{\mathrm{d}}{\mathrm{d}t}\left(\frac{\partial L}{\partial \dot{q}_1}\right)\right\}\delta q_1 + \cdots\right]\mathrm{d}t = 0$$

となる。被積分関数の部分に、ラグランジュの方程式が顔を現したことに注目あれ！

残る作業は、ラグランジュの方程式を積分の中から引っ張り出すことだけである。最小作用の原理は、t_0 と t_1 という時間の間の L の足し合わせが停留値を取ると主張しているのであって、瞬間瞬間の L については何もいっていない。どうするのか？

じつは、ここであらためてわれわれは何をしているのかを明確にしておかねばならない。ラグランジュの方程式は、講義 01 ですでにみたように、ニュートンの運動方程式と同じものなのである。つまり、せっかく（長い）時間 t_0 と t_1 の間の足し合わせが極値を取るという面白い「哲学」をやっておきながら、けっきょくわれわれは問題を解くときに、瞬間瞬間の運動方程式を解くということに落ち着くのである。求めるもの

が，$q=q(t)$ であるということは，質点がいつ，どこにあるかを刻々明らかにするということであり，それは瞬間瞬間の運動を知るということにほかならないのだから．

そう割り切ってしまえば話は簡単である．最小作用の原理は，t_0 と t_1 をどのように選んでも成り立つはずである．そこで，t_0 と t_1 の間隔を思い切って小さくしてしまおう．そうすると，被積分関数が通常の連続な関数であるかぎり，その値は一定になるであろう．しかも，積分値が 0 でなくてはいけないのだから，その瞬間の被積分関数の値は 0 である．ところで，$\delta q_1, \delta q_2$ は微小ながらも仮想変位であるから，0 ではない．だから，それぞれの δq に掛かっている L に関する式が 0 でなければならない．ということで，1 質点の 2 次元の運動に関して，次の方程式を得ることになる．

$$\frac{\mathrm{d}}{\mathrm{d}t}\left(\frac{\partial L}{\partial \dot{q}_1}\right) - \frac{\partial L}{\partial q_1} = 0$$

$$\frac{\mathrm{d}}{\mathrm{d}t}\left(\frac{\partial L}{\partial \dot{q}_2}\right) - \frac{\partial L}{\partial q_2} = 0$$

1 質点 2 次元から，一気に 3 次元空間の n 個の質点というふうに拡大しても，何の困難も面倒さもない．

$$\frac{\mathrm{d}}{\mathrm{d}t}\left(\frac{\partial L}{\partial \dot{q}_r}\right) - \frac{\partial L}{\partial q_r} = 0 \qquad (r = 1, 2, 3, \cdots, 3n)$$

力がポテンシャルから導けず，ラグランジアン L が定義できない一般の場合のラグランジュの方程式と区別するため，上の式はとくに**オイラー＝ラグランジュの方程式**と呼ばれることもある．

重要なことは，上の方程式の導出は，広義座標 q を使っておこなったということである．それゆえ，どのような座標系を選ぼうとも，上の方程式の q に，選んだ座標系の変数を入れれば，そのまま成立するのである．何だかだまされたみたいと思う人もいるだろう．どこに手品の種があるのか．

デカルト座標では，運動エネルギー T は $\dot{x}$ だけの関数であり，ポテンシャル U は x だけの関数である．しかし，広義座標に移ればその保

証はない。そこで，上の式の導出では，ラグランジアン L を，
$$L = L(q, \dot{q}, t)$$
とし，運動エネルギーもポテンシャルも，q と $\dot{q}$（さらには時間 t）の関数であるとして計算したのである。どんな座標系にでも適用できる広義座標を使って方程式を導いたのだから，その方程式にどんな座標系を入れても成立するのは，当然といえば当然である。

　最後に，質点系への拡張と合わせて，ポテンシャルがない場合にも通用する一般のラグランジュの方程式の導出を，実戦問題としてやってみよう。上に述べたのとまったく同じ方法で導けるから，むずかしく考える必要はまったくない。

> **実戦問題 6-1**
>
> n 個の粒子からなる質点系が，h 個$(h<3n)$の束縛条件 $f_\nu=0$ $(\nu=1,2,3,\cdots\cdots,3n-h)$のもとにある。この系を広義座標 q_r $(r=1,2,3,\cdots\cdots,3n)$で表わしたとき，系全体の運動エネルギー T が q_r の関数として与えられているとする。このとき，この系の運動を記述する方程式は下記のように書けることを，ハミルトンの原理から示せ。
>
> $$\frac{d}{dt}\left(\frac{\partial T}{\partial \dot{q}_r}\right)-\frac{\partial T}{\partial q_r}=Q_r+\sum_{\nu=1}^{h}\lambda_\nu\frac{\partial f_\nu}{\partial q_r} \quad (r=1,2,3,\cdots,3n)$$
>
> ただし，λ_ν は $q_1, q_2, \cdots\cdots, q_{3n}$ に関する適当な関数である。また，Q_rはデカルト座標 x_i とデカルト座標で表わした(束縛力以外の)力 F_i を使って，次式のように与えられる。これを広義の力と呼ぶ。
>
> $$Q_r \equiv \sum_{i=1}^{3n}\frac{\partial x_i}{\partial q_r}F_i \quad (r=1,2,3,\cdots,3n)$$

解答＆解説

講義05より，ハミルトンの原理は，

$$\int_{t_0}^{t_1}\left(\boxed{\text{(a)}}\right)dt=0$$

と表わされる。ここで，δT は系全体を仮想変位させたときの運動エネルギーの変化分，W は(束縛力を除く)外力が仮想変位に対してなす仮想仕事である。つまり，じっさいの質点系の運動は，仮想変位に対して，運動エネルギーと外力がなす仕事の合計が停留値を取るようなものとなるということである。

講義05では，デカルト座標 x_i を用いたが，これを広義座標に変換するため，次の関係を使おう。

$$\delta x_i=\sum_{r=1}^{3n}\frac{\partial x_i}{\partial q_r}\delta q_r \quad (i=1,2,3,\cdots,3n)$$

そうすると，外力が仮想変位に対してなす仕事 W は，

$$W=\sum_{i=1}^{3n}F_i\delta x_i=\sum_{i=1}^{3n}F_i\sum_{r=1}^{3n}\boxed{\text{(b)}}\delta q_r$$

$$= \sum_{r=1}^{3n}\Bigl(\sum_{i=1}^{3n} F_i \frac{\partial x_i}{\partial q_r}\Bigr)\delta q_r$$

ここで，括弧の中は問題文に与えられた広義の力 Q_r にほかならないから，

$$W = \sum_{r=1}^{3n} Q_r \delta q_r$$

となる。

一方，運動エネルギー T については，一般に q と $\dot{q}$ の関数だから，

$$\delta T = \sum_{r=1}^{3n} \frac{\partial T}{\partial q_r}\delta q_r + \sum_{r=1}^{3n}\frac{\partial T}{\partial \dot{q}_r}\delta \dot{q}_r$$

2変数で計算したときと同様，$\delta \dot{q}$ は，

$$\delta \dot{q} = \frac{\mathrm{d}}{\mathrm{d}t}\delta q$$

のことであるから，部分積分法より，

$$\int_{t_0}^{t_1}\sum_{r=1}^{3n}\frac{\partial T}{\partial \dot{q}_r}\Bigl(\frac{\mathrm{d}}{\mathrm{d}t}\delta q_r\Bigr)\mathrm{d}t$$

$$= \Bigl[\sum_{r=1}^{3n}\frac{\partial T}{\partial \dot{q}_r}\delta q_r\Bigr]_{t_0}^{t_1} - \int_{t_0}^{t_1}\boxed{\text{(c)}}\,\delta q_r \mathrm{d}t$$

右辺第1項は0であるから，けっきょく広義座標を用いたハミルトンの原理は次のようになる。

$$\int_{t_0}^{t_1}\sum_{r=1}^{3n}\Bigl\{\boxed{\text{(d)}}\Bigr\}\delta q_r \mathrm{d}t = 0$$

時刻 t_0 と t_1 の間隔を微小にすれば，被積分関数は定数に近づくが，右辺が0なのだから当然0にならなければならない。よって，

$$\sum_{r=1}^{3n}\Bigl\{\boxed{\text{(d)}}\Bigr\}\delta q_r = 0$$

注意しないといけないことは，上式は $3n$ 個の式ではなく，ただ1つの式である。分かりやすく $\{\ \}$ の中を P_r と書くと，

$$P_1 \delta q_1 + P_2 \delta q_2 + \cdots\cdots + P_{3n}\delta q_{3n} = 0 \quad \cdots\cdots(*)$$

である。

ここで，ラグランジュの未定乗数法を用いれば，適当な h 個の関数 λ_ν を導入して，

$$\left(P_1+\sum_{\nu=1}^{h}\lambda_\nu\frac{\partial f_\nu}{\partial q_1}\right)\delta q_1+\cdots+\left(P_{3n}+\sum_{\nu=1}^{h}\lambda_\nu\frac{\partial f_\nu}{\partial q_{3n}}\right)\delta q_{3n}=0$$

これらが任意の仮想変位について成立するためには，各項の係数が0でなければならないから，けっきょく次の $3n$ 個の運動方程式を得ることになる．

$$\frac{\mathrm{d}}{\mathrm{d}t}\left(\frac{\partial T}{\partial \dot{q}_r}\right)-\frac{\partial T}{\partial q_r}=Q_r+\sum_{\nu=1}^{h}\lambda_\nu\frac{\partial f_\nu}{\partial q_r} \quad (r=1,2,3,\cdots,3n) \quad \blacklozenge$$

以上で証明は終わりだが，せっかく広義座標を使ったのだから，上式はもう少し簡単にならないか考えてみよう．

h 個の束縛条件 $f_\nu = f_\nu(q_1, q_2, \ldots, q_{3n})$ は，$3n$ 次元空間における超曲面である．これは，3次元に落とせば曲面，2次元なら曲線ということである．たとえば，x-y の2次元平面上に，原点を中心とする円形リングの束縛条件があるとしよう（図6-12）．

図6-12●

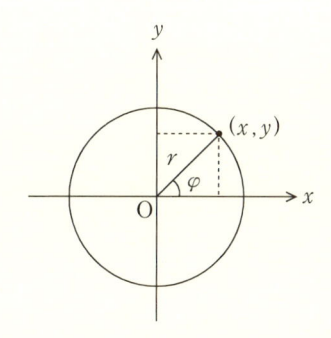

すでに述べたことであるが，この問題を解くには，デカルト座標ではなく (r-φ) の球座標を用いるのが便利であることは明らかである．そうすれば，変数の1つ r は，$r=R$（一定）という定数になってしまう．よ

....

(a) $\delta T + W$ (b) $\dfrac{\partial x_i}{\partial q_r}$ (c) $\displaystyle\sum_{r=1}^{3n}\frac{\mathrm{d}}{\mathrm{d}t}\left(\frac{\partial T}{\partial \dot{q}_r}\right)$

(d) $-\dfrac{\mathrm{d}}{\mathrm{d}t}\left(\dfrac{\partial T}{\partial \dot{q}_r}\right)+\dfrac{\partial T}{\partial q_r}+Q_r$

って，変数 r の運動方程式は不要になり，変数 φ についてだけ方程式を立てればよいことになる．これを，$3n$ 次元空間における h 個の束縛条件に拡張すれば，広義座標のうち h 個を束縛条件と同じにしてしまえば，

$$q_r = C_r \quad （定数） \quad (r = 1, 2, 3, \cdots, h)$$

このとき，この h 個の δq は 0 であるから，式 (*) の各項のうち h 個の δq は消え，$f \equiv 3n - h$ 個の δq だけが残る (f を質点系の**自由度**という)．さらに，この f 個の δq は何の束縛条件もなく自由に動かせるから，式 (*) が成立するためには，f 個の δq の係数 $P_1, \cdots\cdots, P_f$ のそれぞれが 0 でなくてはならない(順番号をどうつけるかは，まったく任意だから，分かりやすく 1 から f にしておく)．

そこで，未定乗数法の λ なる未知数を導入することなく，次の f 個の運動方程式が得られることになる．

$$\frac{\mathrm{d}}{\mathrm{d}t}\left(\frac{\partial T}{\partial \dot{q}_r}\right) - \frac{\partial T}{\partial q_r} = Q_r \quad (r = 1, 2, 3, \cdots, f)$$

もし，質点系に働く力がポテンシャル $U(q)$ によるものであれば，

$$W = \sum_{r=1}^{3n} Q_r \delta q_r = -\delta U$$

であるから，

$$\frac{\mathrm{d}}{\mathrm{d}t}\left(\frac{\partial T}{\partial \dot{q}_r}\right) - \frac{\partial T}{\partial q_r} = -\frac{\partial U}{\partial q_r}$$

さらに，上式はポテンシャルが q だけの関数としているから，ラグランジアン $L = T - U$ を使って，

$$\frac{\partial T}{\partial \dot{q}_r} = \frac{\partial L}{\partial \dot{q}_r}$$

であるから，すでにみたオイラー＝ラグランジュの方程式が導かれる．

$$\frac{\mathrm{d}}{\mathrm{d}t}\left(\frac{\partial L}{\partial \dot{q}_r}\right) - \frac{\partial L}{\partial q_r} = 0$$

LECTURE 07 ラグランジュの方程式の使い方

　本講では，ラグランジュの方程式を，具体的な力学の問題にどう適用していくのかについて学ぼう。

　しかしその前に，読者の方々がおそらくは疑問に思っておられることを説明しておく。

●ラグランジュの方程式はなぜ座標系を変えても同じ形なのか

　ラグランジュの方程式はニュートンの運動方程式と同等のものであるが，ニュートンの運動方程式は座標変換するととたんに複雑なものとなってしまう。なぜラグランジュの方程式は形が変わらないのか。

　答は比較的単純である。ラグランジュの方程式は，最小作用の原理(あるいはハミルトンの原理)から導かれたことを思い起こしていただきたい。

　ラグランジアン L の作用積分を，簡略化して図のような2次元平面上に浮かぶ曲面で表わしてみる。

　図7-1●座標系が変わっても，作用積分の形は変わらない

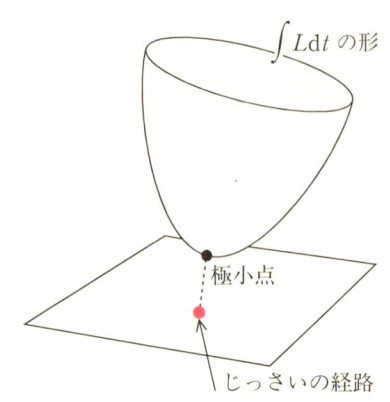

$\int L dt$ の形

極小点

じっさいの経路

ここで，2次元平面の各点は，仮想変位させたさまざまな質点の経路を表わしている(厳密にいえば，可能な経路と平面の各点が，1対1に対応しているわけではない。要は，Lの作用積分はスカラー量であり，採用する座標系によって値が変わるものではないということを押さえておけばよい)。最小作用の原理が主張していることは，質点が取る現実の経路は，Lの作用積分が最小になる経路であるということだから，それは図でいえば，曲面のお椀の底ということになる。このお椀の底の位置は，座標系の取り方で変わったりしない。座標系を変えれば，お椀の底の位置の「読み」が変わるだけである。ラグランジュの方程式は，曲面のお椀の底がどこであるかを示す式だから，座標系の取り方にはよらないのである。

●ラグランジュの方程式をみたす関数は $L=T-U$ だけではない

　ラグランジアン L が，なぜ「運動エネルギー T − ポテンシャル U」で与えられるかの直感的理由については，講義03で述べた。しかし，ラグランジュの方程式をみたす L は，必ずしも $T-U$ だけとは限らないということを，ついでに述べておこう。演習問題としてやっていただきたい(1次元では簡単すぎるが，n 次元では Σ 記号に慣れていない人にはむずかしくみえるかもしれないので，2次元にしておく)。

復習

　ラグランジュの方程式は次の通り。
$$\frac{\mathrm{d}}{\mathrm{d}t}\left(\frac{\partial L}{\partial \dot{q}}\right)-\frac{\partial L}{\partial q}=0$$

> **演習問題 7-1**
>
> 広義座標 q_1, q_2 およびその時間微分 $\dot{q}_1, \dot{q}_2$ の関数 L が，ラグランジュの方程式をみたすとき，$W(q_1, q_2)$ を，q_1 と q_2 を変数とする任意の関数として，
>
> $$L' = L + \frac{dW}{dt}$$
>
> もまた，ラグランジュの方程式をみたすことを証明せよ。

解答 & 解説

要は，$\dfrac{dW}{dt}$ がラグランジュの方程式をみたすことを証明すればよいことは明らかだろう。

W は q_1 と q_2 だけの関数だから，

$$dW = \frac{\partial W}{\partial q_1} dq_1 + \frac{\partial W}{\partial q_2} dq_2$$

すなわち，$\dfrac{dq}{dt}$ を $\dot{q}$ と書いて，

$$\frac{dW}{dt} = \frac{\partial W}{\partial q_1}\dot{q}_1 + \frac{\partial W}{\partial q_2}\dot{q}_2 \quad \cdots\cdots(*)$$

ここで意識しておくべきことは，W は q だけの関数であるが，$\dfrac{dW}{dt}$ は q と $\dot{q}$ の関数であり，式 $(*)$ のようであること。さらにたとえば，$\dfrac{\partial W}{\partial q_1}$ は，$\dot{q}$ の関数ではないが，q_1 と q_2 の関数であること，つまり $\dfrac{dW}{dt}$ は $q_1, q_2, \dot{q}_1, \dot{q}_2$ の関数である。そこで，$\dfrac{dW}{dt} \equiv V$ とおけば，

$$V = V(q_1, q_2, \dot{q}_1, \dot{q}_2)$$

である。

さて，V の座標 q_1 に関するラグランジュの方程式，

$$\frac{d}{dt}\left(\frac{\partial V}{\partial \dot{q}_1}\right) - \frac{\partial V}{\partial q_1} = 0$$

を考えよう（この式で証明ができれば，q_2 の式でも同様である）。

式 $(*)$ をさらに q_1 で偏微分すると，

$$\frac{\partial V}{\partial q_1} = \frac{\partial}{\partial q_1}\left(\frac{\partial W}{\partial q_1}\right)\dot{q}_1 + \frac{\partial}{\partial q_1}\left(\frac{\partial W}{\partial q_2}\right)\dot{q}_2 \quad \cdots\cdots(**)$$

また，（∗）式を $\dot{q}_1$ で偏微分すると，右辺において，第2項が消えるので

$$\frac{\partial V}{\partial \dot{q}_1} = \frac{\partial W}{\partial q_1}$$

を得る。

見た目を簡明にするため，

$$\frac{\partial V}{\partial \dot{q}_1} \equiv U(q_1, q_2)$$

とおくと，

$$\mathrm{d}U = \frac{\partial U}{\partial q_1}\mathrm{d}q_1 + \frac{\partial U}{\partial q_2}\mathrm{d}q_2$$

だから，

$$\frac{\mathrm{d}U}{\mathrm{d}t} = \frac{\partial U}{\partial q_1}\dot{q}_1 + \frac{\partial U}{\partial q_2}\dot{q}_2$$
$$= \frac{\partial}{\partial q_1}\left(\frac{\partial W}{\partial q_1}\right)\dot{q}_1 + \frac{\partial}{\partial q_2}\left(\frac{\partial W}{\partial q_1}\right)\dot{q}_2 \quad \cdots\cdots(∗∗∗)$$

式（∗∗）と式（∗∗∗）の右辺は同じである（$\frac{\partial}{\partial q_2}\frac{\partial}{\partial q_1} = \frac{\partial}{\partial q_1}\frac{\partial}{\partial q_2}$ は明らか）。

以上より，関数 $V = \frac{\mathrm{d}W(q_1, q_2)}{\mathrm{d}t}$ は，ラグランジュの方程式をみたすことが証明された。◆

なぜ W という関数を持ち出したかの理由は，講義10で明らかになるだろう。とりあえず，ここで強調しておきたいことは，ラグランジュの方程式をみたす関数は，必ずしもラグランジアン $L = T - U$ だけではないということである。講義03でみたように，最小作用の原理には直感的な物理的イメージがあるが，ラグランジュの方程式は，運動エネルギーやポテンシャルという物理的イメージを超えた，より広い数学的内容を持っているのである。

●ラグランジュの方程式を積分する

次に，ラグランジュの方程式をどう解いていくのかという議論に入ろ

う。

　もちろん，適当な座標系 q を選んで，その系の運動エネルギー T とポテンシャル U を，q および $\dot{q}$ を使って書き下せるなら，ラグランジュの方程式からニュートンの運動方程式がすぐに導ける。しかし，それだけではもったいない。せっかく広義座標を導入して，適用範囲の広い一般的な方程式に到達したのだから，より見通しのよい解法を考えてみるべきだろう。

　ニュートン力学では，運動方程式を積分することによって，エネルギー保存則や運動量保存則を導けることは，よくご存知であろう。ラグランジュの方程式においても，同様のことをまず試みてみよう。

　一般に，微分と違って積分は面倒である。理屈の上では積分可能な関数であっても，じっさいその積分が計算できるかどうかはテクニックの上手下手が関係してくる。それゆえ戦術としては，誰がみても簡単に積分ができる形にもっていくことが望ましい。そこで，一番簡単な形を書いてみれば，次のようであろう。

$$\frac{\mathrm{d}}{\mathrm{d}t}(\quad) = 0$$

　式が上のように整理できれば，（　）の中は定数である。これほど簡単な積分はない。

　この式は，物理的には，（　）の中が時間の経過で変化しない，すなわち保存則を表わしている。まずは，ラグランジュの方程式を上のように変形することを試みてみよう。

●エネルギー積分

　例のごとく，計算を簡単にするために，1変数のラグランジュの方程式，

$$\frac{\mathrm{d}}{\mathrm{d}t}\left(\frac{\partial L}{\partial \dot{q}}\right) - \frac{\partial L}{\partial q} = 0$$

を考える。

　L は q と $\dot{q}$ の関数だから，もう何度も出てきた偏微分の公式を使っ

て，
$$\frac{\mathrm{d}L}{\mathrm{d}t} = \frac{\partial L}{\partial q}\dot{q} + \frac{\partial L}{\partial \dot{q}}\ddot{q}$$

上の2つの式をにらんで，ラグランジュの方程式に $\dot{q}$ を掛けてみる．

$$\dot{q}\frac{\mathrm{d}}{\mathrm{d}t}\left(\frac{\partial L}{\partial \dot{q}}\right) - \dot{q}\frac{\partial L}{\partial q} = 0$$

左辺第2項 $\dot{q}\dfrac{\partial L}{\partial q}$ は，その上の偏微分の式にあるから，それを代入すれば，

$$\dot{q}\frac{\mathrm{d}}{\mathrm{d}t}\left(\frac{\partial L}{\partial \dot{q}}\right) + \ddot{q}\frac{\partial L}{\partial \dot{q}} - \frac{\mathrm{d}L}{\mathrm{d}t} = 0$$

上式の左辺第1項と第2項は，$\dot{q}\dfrac{\partial L}{\partial \dot{q}}$ を積の微分公式で展開したものにほかならないから，けっきょく次式を得る．

$$\frac{\mathrm{d}}{\mathrm{d}t}\left(\dot{q}\frac{\partial L}{\partial \dot{q}} - L\right) = 0$$

すなわち，

$$\dot{q}\frac{\partial L}{\partial \dot{q}} - L = 一定$$

これがラグランジュの方程式の1つの積分形である．

ところで，ポテンシャル U は位置 q だけの関数で，$\dot{q}$ は含まないから，上式左辺第1項の L は，運動エネルギー T と書き換えてよい．さらに，運動エネルギー T はデカルト座標では $\dot{x}^2$ に比例するから，広義座標でも $\dot{q}^2$ に比例するであろう（きちんとした証明は演習問題7-2参照）．すなわち，

$$T = a\dot{q}^2$$

と書ける．すなわち，

$$\dot{q}\frac{\partial T}{\partial \dot{q}} = 2a\dot{q}^2 = 2T$$

だから，けっきょく，

$$\dot{q}\frac{\partial L}{\partial \dot{q}} - L = 2T - (T - U)$$
$$= T + U = 一定$$

ということで，ラグランジュの方程式の積分(の1つ)は，運動エネルギー T ＋ポテンシャル U ＝一定というお馴染みのエネルギー保存則にほかならないことが分かる。もちろん，エネルギー保存則は，ラグランジュの方程式を持ち出すまでもなく分かっていることだから，何か新しい発見があったというわけではない。しかし，ラグランジュの方程式の積分の1つが，エネルギー保存則を表わしているという事実は重要であることに変わりない。

演習問題 7-2 2次元平面上の1質点の運動を考える。この平面上に広義座標 (q_1, q_2) をとり，デカルト座標 (x_1, x_2) との間に，時間 t を含まない1対1対応の変換，

$$x_1 = x_1(q_1, q_2)$$
$$x_2 = x_2(q_1, q_2)$$

があるものとする。この質点の運動エネルギー T を広義座標で表わしたとき，

$$\sum_{r=1}^{2} \dot{q}_r \frac{\partial T}{\partial \dot{q}_r} = 2T$$

が成立することを証明せよ。

解答＆解説

計算を簡単にするために2次元の問題としたが，3次元空間における n 個の質点への拡張は容易であろう。なお，上の関係が成立するためには，広義座標とデカルト座標の変換式に時間 t が現れないことが条件である。運動エネルギーを観察している座標系は，互いの位置関係を動かさないという前提である(座標系が動けば，運動エネルギーは当然，変化する)。

質点の運動エネルギー T は，デカルト座標で書けば，

$$T = \frac{1}{2} m (\dot{x}_1^2 + \dot{x}_2^2)$$

である。変換の式より，

$$\dot{x}_1 = \frac{\partial x_1}{\partial q_1}\dot{q}_1 + \frac{\partial x_1}{\partial q_2}\dot{q}_2$$

$$\dot{x}_2 = \frac{\partial x_2}{\partial q_1}\dot{q}_1 + \frac{\partial x_2}{\partial q_2}\dot{q}_2$$

である(変換式に時間 t が含まれないから，上のように書ける)。これを，T の式に代入すれば，

$$T = \frac{1}{2}m\left(A_{11}\dot{q}_1{}^2 + A_{12}\dot{q}_1\dot{q}_2 + A_{22}\dot{q}_2{}^2\right)$$

ただし，

$$A_{11} = \left(\frac{\partial x_1}{\partial q_1}\right)^2 + \left(\frac{\partial x_1}{\partial q_2}\right)^2$$

$$A_{12} = 2\left(\frac{\partial x_1}{\partial q_1}\cdot\frac{\partial x_1}{\partial q_2} + \frac{\partial x_2}{\partial q_1}\cdot\frac{\partial x_2}{\partial q_2}\right)$$

$$A_{22} = \left(\frac{\partial x_2}{\partial q_1}\right)^2 + \left(\frac{\partial x_2}{\partial q_2}\right)^2$$

である。A_{11}, A_{12}, A_{22} は $\dot{q}$ を含まないから，

$$\sum_{r=1}^{2}\dot{q}_r\frac{\partial T}{\partial \dot{q}_r} = \dot{q}_1\cdot\frac{1}{2}m\left(2A_{11}\dot{q}_1 + A_{12}\dot{q}_2\right) + \dot{q}_2\cdot\frac{1}{2}m\left(A_{12}\dot{q}_1 + 2A_{22}\dot{q}_2\right)$$

$$= \frac{1}{2}m\left(2A_{11}\dot{q}_1{}^2 + 2A_{12}\dot{q}_1\dot{q}_2 + 2A_{22}\dot{q}_2{}^2\right)$$

$$= 2T \qquad\blacklozenge$$

● 運動量積分

ラグランジュの方程式から，もう1つの積分が簡単に出てくる。

いま，n 個の質点からなる質点系を考えると，一般にラグランジアン L は，$q_1, q_2, \cdots\cdots q_{3n}$ の $3n$ 個の広義座標およびその時間微分で表わされる。これらの広義座標の中で，とくに q_k という1つの座標が L に含まれない場合を考えよう($\dot{q}_k$ は含まれてよい)。このように，ラグランジアン L に含まれない座標を，**循環座標**と呼ぶ。

このとき，$3n$ 個のラグランジュの方程式のうち，

$$\frac{\mathrm{d}}{\mathrm{d}t}\left(\frac{\partial L}{\partial \dot{q}_k}\right) - \frac{\partial L}{\partial q_k} = 0$$

において，$\frac{\partial L}{\partial q_k}=0$ だから，

$$\frac{\mathrm{d}}{\mathrm{d}t}\left(\frac{\partial L}{\partial \dot{q}_k}\right)=0$$

すなわち，

$$\frac{\partial L}{\partial \dot{q}_k}=一定$$

上式の積分の具体的イメージは何であろうか。

それを知るために，デカルト座標 $x_1, x_2, \cdots\cdots, x_{3n}$ で考えてみる。全質点の合計のポテンシャルを $U(x_1, \cdots\cdots, x_{3n})$ として，ラグランジアン L は，

$$L=\frac{1}{2}\sum_{i=1}^{3n} m_i \dot{x}_i{}^2 - U$$

x_k が循環座標であるとすれば，上式を $\dot{x}_k$ で偏微分すると，$\sum$ の中の k 以外の $\dot{x}$（と U）は消えて，

$$\frac{\partial L}{\partial \dot{x}_k}=m_k \dot{x}_k$$

となる。右辺は質量×速度(の成分)だから，運動量にほかならない。つまり，この積分は運動量保存則を表わしている。

広義座標に移れば，$\frac{\partial L}{\partial \dot{q}_k}$ は必ずしも運動量そのものではない(たとえば，2次元球座標で循環座標が角 φ のときは角運動量になる)が，デカルト座標でのイメージを生かして，これを「座標 q_k に共役な運動量」と呼ぶ。

以上の2つの積分を示したところで，具体的な問題を解いていただこう。

> **演習問題 7-3**
>
> 太陽の周囲を回る惑星がある。太陽は原点にあって動かず，惑星は太陽からの万有引力（中心力）によって平面運動をする。この平面に2次元球座標(r, φ)を取れば，惑星のポテンシャルは$U(r)$と書ける。惑星の質量をm，その他の定数は適宜決めるものとし，以下の問いに答えよ。
>
> (1) 惑星のラグランジアンLを書け。
>
> (2) 惑星のラグランジュの方程式を立て，そこから変数r, φに関する運動方程式を導け。
>
> (3) ラグランジュの方程式の2つの積分を示し，惑星の運動$r(t), \varphi(t)$を求める手順を述べよ（じっさいに解かなくてよい）。

解答＆解説

(1)

図7-2●

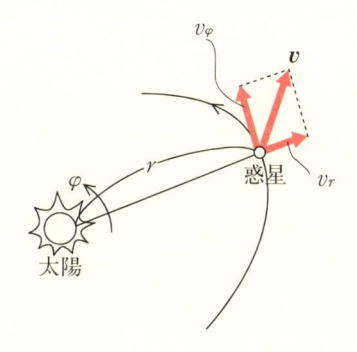

惑星の速度$\boldsymbol{v}$を，図のようにr方向とφ方向に分解すると，それぞれの成分は，

$$v_r = \dot{r}$$
$$v_\varphi = r\dot{\varphi}$$

である（円運動の速度の接線成分は$v_\varphi = r\omega = r\dot{\varphi}$である）。

そこで，惑星の運動エネルギーTは，

$$T = \frac{1}{2}m(\dot{r}^2 + r^2\dot{\varphi}^2)$$

よって，ラグランジアン L は，

$$L = T - U = \frac{1}{2}m(\dot{r}^2 + r^2\dot{\varphi}^2) - U(r)$$

(2) (1)で求めたラグランジアン L より，

$$\frac{\partial L}{\partial r} = mr\dot{\varphi}^2 - \frac{\partial U(r)}{\partial r}$$

$$\frac{\partial L}{\partial \dot{r}} = m\dot{r}$$

$$\frac{\partial L}{\partial \varphi} = 0$$

$$\frac{\partial L}{\partial \dot{\varphi}} = mr^2\dot{\varphi}$$

を得るから，座標 r および φ のそれぞれに関するラグランジュの方程式は，

$$\frac{d}{dt}(m\dot{r}) - \left\{mr\dot{\varphi}^2 - \frac{\partial U(r)}{\partial r}\right\} = 0$$

$$\frac{d}{dt}(mr^2\dot{\varphi}) = 0$$

となる。

r に関するラグランジュの方程式より，

$$m(\ddot{r} - r\dot{\varphi}^2) - \frac{\partial U(r)}{\partial r} = 0$$

φ に関するラグランジュの方程式より，

$$mr^2\dot{\varphi} = C_1 \quad (一定) \quad \cdots\cdots ①$$

を得る。

(3) (2)において，φ に関する方程式は運動量の積分である。r に関する方程式は，ニュートンの運動方程式を示しているが，r の2回微分があるため解きにくい。そこで，運動方程式ではなく，エネルギー積分の式を使おう。$T + U = $ 一定であるから，

$$\frac{1}{2}m(\dot{r}^2 + r^2\dot{\varphi}^2) + U(r) = C_2 \quad (一定) \quad \cdots\cdots ②$$

式①，②より，$\dot{\varphi}$を消去すれば，変数がrと$\dot{r}$だけの1階微分方程式を得るから，それを解けば$r(t)$が求まる(微分方程式をどう解くかは，また別の問題である。しかし一般に，1階微分方程式の方が2階微分方程式よりは解きやすかろう)。

　$r(t)$が求まれば，それを式①に代入して，φに関する1階微分方程式を得るから，それを解いて$\varphi(t)$が求まる。◆

実戦問題 7-1

回転軸の先端を床の1点に固定させて回転している，回転軸に対して対称な形のこまの運動を，オイラーの角 (θ, φ, ψ) を変数として考察する。

図7-3●

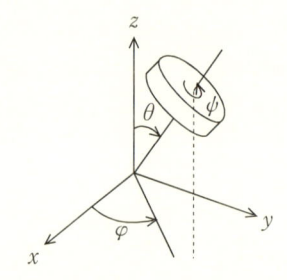

こまの質量を M，重力加速度の大きさを g，こまの重心の位置を回転軸上の床上の先端から h とする。また，こまの慣性主軸 ζ（回転軸）に対する慣性モーメントを I，他の2つの慣性主軸 ξ および η の慣性モーメントを I' とし，ξ, η, ζ の軸に対する角速度をそれぞれ $\omega_1, \omega_2, \omega_3$ とすると，こまの持つ運動エネルギー T は，

$$T = \frac{1}{2}(I'\omega_1^2 + I'\omega_2^2 + I\omega_3^2)$$

で与えられる。

以下の設問に答えよ。

(1) $\omega_1, \omega_2, \omega_3$ をオイラーの角 θ, φ, ψ および $\dot{\theta}, \dot{\varphi}, \dot{\psi}$ を用いて表せ。

(2) こまの運動エネルギー T を，θ, φ, ψ および $\dot{\theta}, \dot{\varphi}, \dot{\psi}$ を用いて表せ。

(3) こまのラグランジアンを求め，そこからエネルギー積分と運動量積分を求めよ。

(4) こまの中心軸が鉛直となす角 θ が一定で，こまの自転の角速度は歳差運動の角速度よりはるかに大きいとして，こまの運動を考察せよ。

解答&解説

　剛体の運動に関する基本事項は「力学ノート」などを参考にしていただきたい。ここでは，慣性モーメントや剛体のエネルギーなどは既修のものとして話を進めるが，この問題のややこしい部分は剛体の回転の角速度の成分を求めるところであって，ラグランジュの方程式に関しては，むずかしい点は何もない。

　注意すべきは，剛体の慣性主軸 ξ-η-ζ は剛体に固定された座標軸であるという点である。そのためこまが回転しているとき，回転軸である ζ 軸はあまり速くは動かないが，ξ 軸と η 軸は非常に速く回転している。

　それに対してオイラーの角 θ-φ-ψ は，静止系からみた角度である。θ は設問の最後で一定としているようにあまり動かない。また φ は歳差運動の動きを表わす角でゆっくりと変化する。ψ はこまの自転により変化する角だから，非常に速く変化する。

(1)

図7-4●

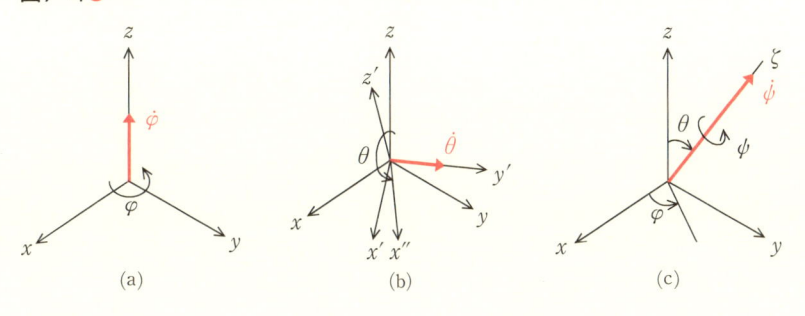

(a)　(b)　(c)

　各軸のまわりの回転の角速度を，右ねじの規則に従って，その軸の方向のベクトルとみなすと，オイラーの角に対応する角速度 $\dot{\theta}, \dot{\varphi}, \dot{\psi}$ は，図の通りである。この3つのベクトルの，ξ-η-ζ 方向の成分の合計が $\omega_1, \omega_2, \omega_3$ となるはずである。

　分かりやすいところから始めよう。

　$\dot{\psi}$ は ζ 軸方向を向いているから，ζ 成分はそのまま $\dot{\psi}$ で，ξ 成分と η 成分はない(図7-5)。

講義07●ラグランジュの方程式の使い方

図7-5

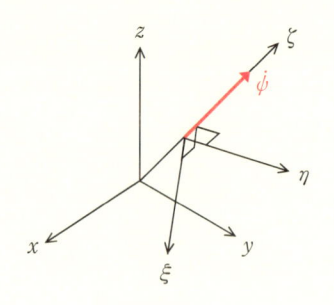

図7-6

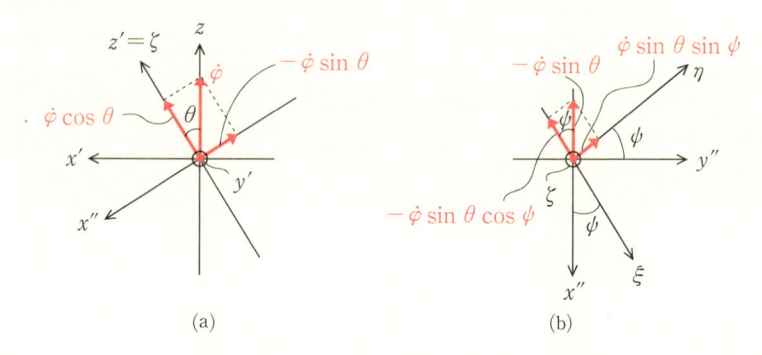

(a)　　　(b)

$\dot{\varphi}$ の ξ 成分は，図(a)(b)の通りである．すなわち，軸 x' が軸 x'' へ θ 回転することによって，$-\dot{\varphi}\sin\theta$ となり(a)，x'' から ξ へ ψ 回転することによって，$-\dot{\varphi}\sin\theta\cos\psi$ となる(b)．一方，$\dot{\varphi}$ の η 成分は，φ と θ の回転では発生せず，ψ の回転で $\dot{\varphi}\sin\psi$ となる（図(b)）．

また図(a)より，$\dot{\varphi}$ の ζ 成分は，$\dot{\varphi}\cos\theta$ である．

同様な回転と成分の分解をおこなえば，$\dot{\theta}$ の ξ と η 成分は φ と θ の回転では発生せず，ψ の回転により，ξ 成分は $\dot{\theta}\sin\psi$，η 成分は $\dot{\theta}\cos\theta$ である．

図7-7

一方，$\dot{\theta}$ は z-z'($=\zeta$) 平面に垂直であるから，$\dot{\theta}$ の ζ 成分は生じない．

以上をまとめてみれば，

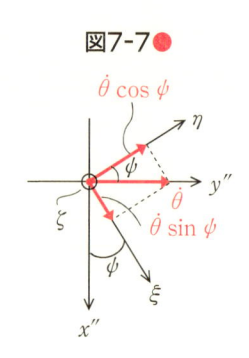

$$\begin{cases} \omega_1 = \dot{\theta}\sin\psi - \dot{\varphi}\sin\theta\cos\psi \\ \omega_2 = \boxed{\text{(a)}} \\ \omega_3 = \dot{\psi} + \dot{\varphi}\cos\theta \end{cases}$$

上の式を分析すればつぎのようである。

3つの角 θ-φ-ψ のうち，はげしく変化するのは ψ である。ω_3 は ψ の回転がそのまま効いている（$\dot{\psi}$ に比べれば $\dot{\varphi}\cos\theta$ は小さい）。ω_1, ω_2 をはげしく変化させる因子は $\sin\psi$ と $\cos\psi$ の項であり，それ以外の変化はゆっくりである。$\sin\psi$ と $\cos\psi$ の項は，η 軸と ξ 軸がこまに固定されているため，こまの自転によって $\dot{\theta}$ と $\dot{\varphi}$ がめまぐるしく変化するようにみえるからである。

(2) $\omega_1, \omega_2, \omega_3$ が求まれば，あとは機械的な計算である。問題文に与えられたように，ξ-η-ζ 軸に関する慣性モーメント I, I' を用いてこまの運動エネルギーを書き，それに(1)の結果を代入すれば，

$$T = \frac{1}{2}(I'\omega_1{}^2 + I'\omega_2{}^2 + I\omega_3{}^2)$$

$$= \frac{1}{2}I'\{(\dot{\theta}\sin\psi - \dot{\varphi}\sin\theta\cos\psi)^2 + (\dot{\theta}\cos\psi + \dot{\varphi}\sin\theta\sin\psi)^2\}$$

$$+ \frac{1}{2}I(\dot{\psi} + \dot{\varphi}\cos\theta)^2$$

$$= \frac{1}{2}\{I'(\dot{\theta}^2 + \dot{\varphi}^2\sin^2\theta) + \boxed{\text{(b)}}\}$$

この結果をみると，こまの形が ζ 軸に対称で，ξ 軸と η 軸がまったく同等で2軸の慣性モーメント I' が共通であるので，$\omega_1{}^2 = \omega_2{}^2$ とすると，はげしい回転 ψ の影響が消えるのが特徴である。けっきょくこまの自転のエネルギーは ζ 軸のまわりの回転エネルギーだけになる。

(3) 剛体の基本法則より，こまの質量は重心に集まっているとみなしてよいから，こまのポテンシャル・エネルギー U は，

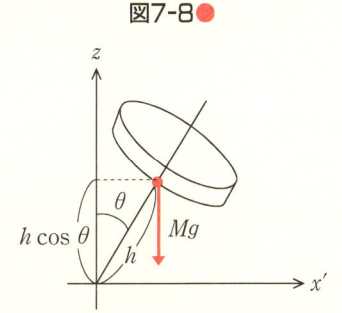

図7-8●

$$U = Mgh\cos\theta$$

である．よって，ラグランジアン L は，

$$L = T - U$$
$$= \frac{1}{2}\{I'(\dot{\theta}^2+\dot{\varphi}^2\sin^2\theta)+I(\dot{\psi}+\dot{\varphi}\cos\theta)^2\}-Mgh\cos\theta$$

エネルギー積分はすでにみたように，$T+U=E$ ($=$一定)であるから，

$$\frac{1}{2}\{I'(\dot{\theta}^2+\dot{\varphi}^2\sin^2\theta)+I(\dot{\psi}+\dot{\varphi}\cos\theta)^2\}+Mgh\cos\theta = E \quad (\text{一定})$$
……①

また，ラグランジアンをみれば，φ と ψ が循環座標であることが分かる．すなわち，

$$\frac{\partial L}{\partial \varphi} = 0$$

だから，

$$\frac{\mathrm{d}}{\mathrm{d}t}\left(\frac{\partial L}{\partial \dot{\varphi}}\right) = \frac{\mathrm{d}}{\mathrm{d}t}\{\boxed{\text{(c)}}\} = 0$$

よって，

$$I'\dot{\varphi}\sin^2\theta+I(\dot{\psi}+\dot{\varphi}\cos\theta)\cos\theta = a \quad (\text{一定}) \quad \cdots\cdots ②$$

また，

$$\frac{\partial L}{\partial \psi} = 0$$

だから，

$$\frac{\mathrm{d}}{\mathrm{d}t}\left(\frac{\partial L}{\partial \dot{\psi}}\right) = \frac{\mathrm{d}}{\mathrm{d}t}\{I(\dot{\psi}+\dot{\varphi}\cos\theta)\} = 0$$

よって，

$$I(\dot{\psi}+\dot{\varphi}\cos\theta) = b \quad (\text{一定}) \quad \cdots\cdots ③$$

(4) 3つの積分①，②，③から $\dot{\varphi},\dot{\psi}$ を消去すれば，θ に関する微分方程式が得られるから，そこから $\theta=\theta(t)$ を求めることができる．しかし，理屈の上ではそうであるが，この微分方程式は簡単には解けない．われわれの目的はラグランジュの方程式からいかに微分方程式を導くかであって，すでに目的を達したわけだから，ごくおおざっぱな近似で満

足することにしよう。

　題意にもあるように，θ, φ, ψ の3変数のうち，はげしく変化するのは ψ であり，φ はゆっくり変化，θ はほぼ一定であるから，式③で $\dot{\psi}$ に対して $\dot{\varphi}\cos\theta$ は無視できるとすれば，

$$\dot{\psi} = \frac{b}{I} \quad (一定)$$

つまり，こまの自転の角速度はほぼ一定である。

　また，式②と式③より，

$$I'\dot{\varphi}\sin^2\theta + b\cos\theta = a$$

であるから，θ が一定であれば，

$$\dot{\varphi} = \boxed{\text{(d)}} = c \quad (一定)$$

$\dot{\varphi}$ は歳差運動の角速度であり，$\dot{\psi}$ に比べればゆっくりと，これもまた一定の角速度で回転することになる。

　以上の考察の中で，ラグランジアンの変数をオイラーの角 θ, φ, ψ にすることによる座標変換が面倒と思われたかもしれない。もし慣性主軸に対する角速度 $\omega_1, \omega_2, \omega_3$ を使えば，運動エネルギーの記述はきわめて簡単である。ラグランジュの方程式の変数は広義座標なのだから，慣性主軸 ξ, η, ζ を変数に選んでも構わないはずである。

　もちろん，そうしても構わない。しかし，その場合，ポテンシャル・エネルギーを ξ, η, ζ で表わさなければならず，けっきょく面倒さは避けられないことになる。◆

．．．

(a) $\dot{\theta}\cos\psi + \dot{\varphi}\sin\theta\sin\psi$　　(b) $I(\dot{\psi} + \dot{\varphi}\cos\theta)^2$

(c) $I'\dot{\varphi}\sin^2\theta + I(\dot{\psi} + \dot{\varphi}\cos\theta)\cos\theta$　　(d) $\dfrac{a - b\cos\theta}{I'\sin^2\theta}$

LECTURE 08 ハミルトンの正準方程式

前講までで学んだラグランジュの方程式のポイントを要約すれば，

> (1) 内容的には，ニュートンの運動方程式とまったく同等である。
> (2) さまざまな座標変換に対して形を変えない。
> (3) ラグランジアン L という1つのスカラー量が分かれば，質点系の運動を（初期条件を除いて）完全に決定できる。

ということである。要は，ニュートン力学よりはもっと簡単に，見通しよく，力学系の運動方程式が立てられるということである。

このような便利な方程式があるのに，さらに何を望むのかという気にならないでもないが，数学的な観点からみるとまだまだ改良の余地があるのである。

本講では，ラグランジュの方程式をさらに一般化したハミルトンの方程式を導くことを目標とする。

●ラグランジュの方程式は2階常微分方程式

まず，ラグランジュの方程式は時間に関する2階微分方程式であるという点を確認しておこう。何度も出てきた方程式をもう一度書けば，

$$\frac{\mathrm{d}}{\mathrm{d}t}\left(\frac{\partial L}{\partial \dot{q}}\right) - \frac{\partial L}{\partial q} = 0$$

一般的に n 個の質点の運動を考えれば，広義座標 q は，$q_1, q_2, \ldots, q_{3n}$ の $3n$ 個の変数であり，方程式も $3n$ 個の連立方程式となるわけだが，ここでは簡単のために1次元の運動を考える。

この方程式は，時間微分以外に偏微分も入っていて，いかにもややこしそうにみえるが，じつは q に関する 2 階常微分方程式である。というのも，ラグランジアン L が既知という前提があるから，偏微分は簡単に実行できて，最終的な方程式の中に偏微分は入らないからである。

　L は，q と $\dot{q}$ の関数である。

$$L = L(q, \dot{q})$$

より一般的には，L は時間 t の関数であってもよいのだが，本書では厳密さより簡明さを優先して，L には時間 t が(陽には)含まれないものとして議論を進める(q や $\dot{q}$ は時間の関数だから，陰には時間を含む。すなわち，$L = L(q(t), \dot{q}(t))$ である)。じっさい，数学的な議論を離れ，現実の物理現象としては L が t を含まない場合が重要である。

　そこで，L が既知なら，$\dfrac{\partial L}{\partial q}$ と $\dfrac{\partial L}{\partial \dot{q}}$ は容易に計算できる。そして，それらもまた q と $\dot{q}$ の関数である。

　ラグランジュの方程式の左辺第 1 項は，$\dfrac{\partial L}{\partial \dot{q}}$ という q と $\dot{q}$ の関数の時間微分 $\dfrac{\mathrm{d}}{\mathrm{d}t}$ であるから，$q, \dot{q}$ にくわえて $\ddot{q}$ を含むことになる。

　こうして，ラグランジュの方程式を具体的に書き下ろせば，$q, \dot{q}, \ddot{q}$ を含む(そして偏微分は含まない)，2 階常微分方程式となるわけである。ニュートンの運動方程式が位置 x の 2 階微分 $\ddot{x}$ の方程式であるから，それと同等なラグランジュの方程式が $\ddot{q}$ の方程式となるのは当然といえば当然である。

●ハミルトンの方程式への道筋

図8-1●

$$\boxed{\dfrac{\mathrm{d}^2 x}{\mathrm{d}t^2} \cdots} \Longrightarrow \boxed{\dfrac{\mathrm{d}y}{\mathrm{d}t} \cdots} \quad \boxed{\dfrac{\mathrm{d}z}{\mathrm{d}t} \cdots}$$

未知数 1 つの　　　　未知数 2 つの
2 階微分方程式　　　連立 1 階微分方程式

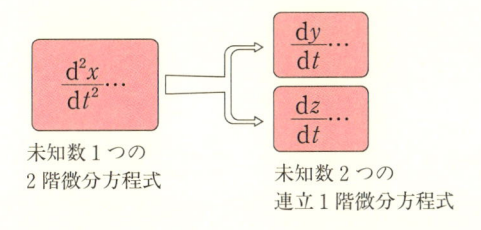

　これからおこなおうとすることは，運動方程式を時間の 1 階微分方程式で表わそうという試みである。むろん，最終的にニュートンの運動方

程式と同等なものになるのだとしたら，座標に関する2階微分方程式になることは避けられない。しかし，それを段階的に分けて，形式上，時間の1階微分方程式で表わすのである。そのようにする利点はいくつかあるが，まず2階微分方程式より1階微分方程式の方が，一般的には解きやすい。さらに，具体的に計算をしなくても，対象としている質点系の性質を探る上でも，方程式はより単純な形で表わされている方がイメージしやすいであろう(ここまでくると，具体的な物体の運動というイメージではなく，数学的に単純なイメージということになってくるのだが)。結論的にいうと，これから導く方程式は見事な対称性を持つことになる(それゆえ，正準方程式と呼ばれるのである。英語では canonical equation という。canonical とは，もともとはキリスト教会用語で，そこから派生して「正統な」とか「正規の」といった意味で使われる)。

　話は逸れるが，電磁気学を学ばれた方は，クーロンの法則や電磁誘導の法則などを個別に勉強した最後に，マクスウェルの方程式に至って，見事な対称性のもとに電磁気学の法則が一望できることをご存知であろう。ハミルトンの正準方程式にもそのような全体を統一する対称性がある。そしてそのことが，より広範な適用を可能にし，量子力学の有力な基礎となるのである。

　むろん，形式的な話ばかりではない。より一般的という意味の中には，座標変換の一般性という重要な要素がある。じつは，本講以降の話の中でもっとも重要なのは，座標変換なのである。

　ラグランジュの方程式の導入では，広義座標 q の導入が重要な要素であった。デカルト座標 $x_1, x_2, \cdots\cdots, x_n$ と広義座標 $q_1, q_2, \cdots\cdots, q_n$ の間には，

$$x_i = x_i(q_1, q_2, \cdots, q_n)$$

あるいは，

$$q_r = q_r(x_1, x_2, \cdots, x_n)$$

なる変換関係がある(話を簡単にするため，基準となるデカルト座標系に対して動かない座標系，すなわち時間 t を含まない変換を考える)。このような広義座標を導入しておけば，どんな座標変換でもすべて扱えるように思えるであろう。しかし，ラグランジアン L は，q と $\dot{q}$ の関

数である．これをデカルト座標で書けば，x と $\dot{x}$ である．
$$L = L(q, \dot{q})$$
あるいは，
$$L = L(x, \dot{x})$$
とすれば，次のような変換は許されないのだろうか．
$$x_i = x_i(q_1, \cdots, q_n, \dot{q}_1, \cdots, \dot{q}_n)$$
$$q_i = q_i(x_1, \cdots, x_n, \dot{x}_1, \cdots, \dot{x}_n)$$

位置と速度を入れ替えるなんて，というのが現実的な物理屋の反応であるが，数学的にみれば q と $\dot{q}$ は単に2つの変数にすぎない．というか，片方が時間微分というのは対称性を欠いて美しくない．じっさい，ラグランジュの方程式に留まるかぎり，このような変換は許されない．なぜなら，q の変換に $\dot{x}$ が含まれ，x の変換に $\dot{q}$ が含まれれば，ラグランジアン L にはけっきょく $\ddot{q}$ が含まれることになる．そうすると，ラグランジュの方程式には時間微分 $\dfrac{\mathrm{d}}{\mathrm{d}t}$ があるから，運動方程式は時間の3階微分となってしまう．

以上のようなことを念頭において，具体的に話を進めることにしよう．

● 1 階微分方程式を導く

まず，方程式を時間に関する1階微分にするには，手っ取り早く，
$$\dot{q} = u$$
とおいてはどうだろう．これは，たんなる書き換えではない．その意味は次のようである．

最終的に求めるものは，q を t の関数として表わすことである．すなわち，q は t の関数として，
$$q = q(t)$$
という具合に，変数 t だけで表わすことができる．これを時間微分すれば，$\dot{q}$ が求まるわけだが，それもまた当然，t だけの関数である．そこで，この関数を q の時間微分だとは見なさないで，別の t の関数 $u(t)$ と見なすのである．そうすると，

$$\frac{\mathrm{d}}{\mathrm{d}t}q = u$$

は，1つの方程式となる．つまり，q は位置，$\dot{q}$ は速度というふうに考えず，変数 q があり，変数 u があり，それらの間の関係が上の方程式で与えられていると考えるのである．

この u を使ってラグランジュの方程式を書き直せば，

$$\frac{\mathrm{d}}{\mathrm{d}t}\left(\frac{\partial L}{\partial u}\right) - \frac{\partial L}{\partial q} = 0$$

となる．このようにすると，明らかに未知数が q と u の2つになる(自由度 f の質点系を考えれば，$q_1, \ldots, q_f$ という f 個の未知数が，$q_1, \ldots, q_f ; u_1, \ldots, u_f$ の $2f$ 個になる)．よって，問題が解けるためには方程式が2つ必要である(自由度 f の質点系なら $2f$ 個)．

じつはこうした事情は，微分方程式の一般論として当然のことである．2階微分方程式を何の負担もなく1階に下げることはできない．2階を1階に減らした分，未知数が2倍になり，1つの方程式は2つの連立方程式となる．

ところで，以上の過程の中で，方程式はすでに2つできている．じっさい，$\dot{q} = u$ は方程式であるといったばかりである．もう一度，書こう．

$$\begin{cases} \dfrac{\mathrm{d}}{\mathrm{d}t}q = u & \cdots\cdots ① \\ \dfrac{\mathrm{d}}{\mathrm{d}t}\left(\dfrac{\partial L}{\partial u}\right) = \dfrac{\partial L}{\partial q} & \cdots\cdots ② \end{cases}$$

1階微分方程式の一番単純な基本形は，

$$\frac{\mathrm{d}x}{\mathrm{d}t} = X(x, t)$$

であり，式①，②はその形になっているから，これで一応，形は整ったことになる．しかし，式①，②はどうみても対称的にはみえないし，じっさい解きにくい．式①は単純きわまりないが，式②の $\dfrac{\mathrm{d}}{\mathrm{d}t}$ の中が1つの変数ではなく $\dfrac{\partial L}{\partial u}$ という q と u の関数になっている．この部分を何とか簡単化しないと使いものにならないだろう．

そこで，あらたなる変数 p を導入しよう．

$$p = \frac{\partial L}{\partial u}$$

そうすると，2つの連立方程式は次のようになる．

$$\begin{cases} \dfrac{\mathrm{d}}{\mathrm{d}t} q = u & \cdots\cdots ① \\ \dfrac{\mathrm{d}}{\mathrm{d}t} p = \dfrac{\partial L}{\partial q} & \cdots\cdots ②' \end{cases}$$

分かりやすい形になったが，如何せん，未知数が3つに増えてしまった．しかし，袋小路のようにみえて，われわれは正しい道筋をたどっている．残る作業は，u を p(および q)で表わすことだけである．そして，それを可能にするために，ハミルトン関数(ハミルトニアン)というものが導入されるのである．

●ルジャンドル変換

ハミルトニアン導入の数学的準備として，**ルジャンドル変換**という計算テクニックを学んでおく．看板ほどにむずかしくもなく複雑でもない．簡単な公式のようなものである．直接，L や q を用いて説明してもよいのだが，たんなる数学公式として客観的に眺めるために，別の記号を使う(結果的に記号 u だけが，これまでの u と同じになるが，別に意味はない)．

F を u(だけ)の関数 $F(u)$ とする．

ただし，本当は n 個の $u, u_1, u_2, \cdots\cdots, u_n$ を考える．それゆえ，$F = F(u_1, u_2, \cdots\cdots, u_n)$ であり，その結果，個々の u についての F の微分は，全微分ではなく偏微分である．以下の説明は，そういう意味で偏微分記号を使っている．

もう1つの変数 v を導入し，

$$v = \frac{\partial F}{\partial u}$$

で与えられるものとする(v もまた，じっさいは $v_1, v_2, \cdots\cdots, v_n$ という n 個の変数である．つまり，$v_i = \dfrac{\partial F}{\partial u_i} (i = 1, 2, \cdots\cdots, n)$ である)．

さて，u と v について対称的なもう1つの関数 $G(v)$ を導入しよう．

$$u = \frac{\partial G}{\partial v}$$

　このとき，変数 u, v および関数 F, G の間にどのような関係があるかを示したものがルジャンドル変換である。

　ルジャンドル変換は，数学的には，2つの対称的な変数と関数の関係を公式化したものにすぎないが，これをじっさいの物理系に適用すると便利なことが多い。

　たとえば，熱力学において気体の内部エネルギーを扱うときには，気体の状態を表わす2つの変数を，エントロピー S と体積 V に取ると便利であるが，自由エネルギーという物理量を扱うときには，変数を絶対温度 T と体積 V にすると便利である(問1)。このように，目的に応じて変数を変えたいときに，ルジャンドル変換は大いに役立つのである。

　F および G の全微分は次のように書ける(記号は d でもよいが，仮想変位のことを想定して δ としておく。本質的なことではない)。

$$\delta F = \frac{\partial F}{\partial u} \delta u$$

$$\delta G = \frac{\partial G}{\partial v} \delta v$$

　くどいようだが，上式右辺は，じっさいは $\sum \frac{\partial F}{\partial u_i} \delta u_i, \sum \frac{\partial G}{\partial v_i} \delta v_i$ である。

　2式を足し算し，v と u の定義式を使えば，
$$\delta F + \delta G = v\delta u + u\delta v$$
となる。右辺は u と v の積の微分だから，けっきょく，
$$\delta(F+G) = \delta(uv)$$
　すなわち，
$$F + G = uv$$
を得る。

　定数項の不定性が残るが，そのことはここではあえておいておき(じつは，後にこの不定性が意味を持ってくる)，以上より，関数 $F(u)$ が与えられているとき，

$$G = uv - F$$

という関数 G を持ってくれば，最初の v と u の定義式がみたされるこ

図8-2●ルジャンドル変換を要約すれば

$$v = \frac{\partial F}{\partial u}, u = \frac{\partial G}{\partial v}$$

$$F + G = uv$$

とになる。

さて，F や G として，ラグランジアンやハミルトニアンを持ってこよう。ところが，F は u だけの関数としたのに対し，ラグランジアン L は，q と $\dot{q}$ の2つの変数の関数である。そこのところをクリアするため，次の問題をやっていただこう。

演習問題 8-1

ルジャンドル変換において，F と G が，それぞれ u と v の関数であるとともに，共通の変数 w を持つとする。すなわち，

$$v = \frac{\partial F(u,w)}{\partial u}$$

$$u = \frac{\partial G(v,w)}{\partial v}$$

であるとき，任意の仮想変位 $\delta u, \delta v, \delta w$ に対して，

$$\frac{\partial F}{\partial w} = -\frac{\partial G}{\partial w}$$

が成立することを示せ。

解答&解説

F と G の仮想変位 $\delta F, \delta G$ は次のように書ける。

$$\delta F = \frac{\partial F}{\partial u}\delta u + \frac{\partial F}{\partial w}\delta w$$

$$\delta G = \frac{\partial G}{\partial v}\delta v + \frac{\partial G}{\partial w}\delta w$$

両式を足し算して整理すれば，

講義08●ハミルトンの正準方程式

$$\delta(F+G) = \delta(uv) + \left(\frac{\partial F}{\partial w} + \frac{\partial G}{\partial w}\right)\delta w$$

任意の $\delta u, \delta v, \delta w$ のもとで，与えられた変数変換の式が成立するためには，上式で $\delta(F+G)=\delta(uv)$ であるとともに，δw の係数が0でなくてはならない。すなわち，

$$\frac{\partial F}{\partial w} + \frac{\partial G}{\partial w} = 0 \qquad \blacklozenge$$

問1 熱力学において，一定量の気体の持つ内部エネルギーの変化 $\mathrm{d}U$ は，T を絶対温度，S をエントロピー，p を圧力，V を体積として，

$$\mathrm{d}U = T\mathrm{d}S - p\mathrm{d}V$$

で与えられる。

この気体の自由エネルギー F は，

$$F = U - TS$$

で与えられるが，このとき自由エネルギーの変化 $\mathrm{d}F$ はどう書けるか。

解答

$$F = U - TS$$

の微分をとれば，

$$\mathrm{d}F = \mathrm{d}U - (T\mathrm{d}S + S\mathrm{d}T)$$

ここで，

$$\mathrm{d}U = T\mathrm{d}S - p\mathrm{d}V$$

であるから，

$$\mathrm{d}F = -S\mathrm{d}T - p\mathrm{d}V$$

つまり，自由エネルギーを扱うときには，絶対温度 T と体積 V を変数に取ると便利である。

この変数変換は，これまで説明したルジャンドル変換の記号を使えば，内部エネルギー U が関数 F，自由エネルギー F が関数 $-G$（マイナスであることに注意）で，エントロピー S が変数 u，体積 V が変数 w となっていることを確認していただきたい。

この他に，気体のエネルギーを表わす物理量として，エンタルピー H，ギブスの自由エネルギー G があるが，これらはいずれもルジャンドル変換から導くことができる。

●ハミルトンの方程式を導く

2種の変数(変換される変数 $u \to v$ と共通の変数 w)を含むルジャンドル変換を，次のように記号を置き換えて，われわれの課題に適用してみよう。

$$F(u, w) \to L(\dot{q}(=u), q) \quad (\text{ラグランジアン})$$
$$G(v, w) \to H(p, q) \quad (\text{ハミルトニアンと呼ぶ})$$

そうすると，

$$v = \frac{\partial F}{\partial u} \quad \to \quad p = \frac{\partial L}{\partial \dot{q}} \left(= \frac{\partial L}{\partial u} \right) \quad \cdots\cdots ③$$

$$u = \frac{\partial G}{\partial v} \quad \to \quad (u=)\dot{q} = \frac{\partial H}{\partial p} \quad \cdots\cdots ④$$

$$G = uv - F \quad \to \quad H = \dot{q}p - L \quad \cdots\cdots ⑤$$

$$\frac{\partial F}{\partial w} = -\frac{\partial G}{\partial w} \quad \to \quad \frac{\partial L}{\partial q} = -\frac{\partial H}{\partial q} \quad \cdots\cdots ⑥$$

となる。

あとは，式③〜⑥をどうまとめるかだけである。考え方の基本は，新しい変数として，p と q を選ぶ(u ではなく。その方がうまくいく)。そうして，連立1階常微分方程式として，

$$\frac{\mathrm{d}}{\mathrm{d}t} p = (\quad A \quad)$$

$$\frac{\mathrm{d}}{\mathrm{d}t} q = (\quad B \quad)$$

の基本形の形に持っていく。A と B が p と q だけの関数であれば単純明快であるから，A と B を導く関数としての候補は $L(\dot{q}, q)$ ではなく $H(p, q)$ である。

B の答は，式④にある。すなわち，

$$\frac{\mathrm{d}}{\mathrm{d}t} q = \frac{\partial H}{\partial p} \quad \cdots\cdots (*)$$

式③より，

$$\frac{\mathrm{d}}{\mathrm{d}t}p = \frac{\mathrm{d}}{\mathrm{d}t}\left(\frac{\partial L}{\partial \dot{q}}\right)$$

であるが，ラグランジュの方程式から，右辺は $\frac{\partial L}{\partial q}$ であり，式⑥を使えば，

$$\frac{\mathrm{d}}{\mathrm{d}t}p = -\frac{\partial H}{\partial q} \quad \cdots\cdots(**)$$

となる。じっさい，式⑤からハミルトニアン H を作れば，式⑥が成立することが分かる。

こうしてわれわれは，ついに方程式(*)と(**)を得た。これこそが，**ハミルトンの正準方程式**である。時間微分の形になっていない2つの変数 p, q の組を，**正準変数**と呼ぶ。

●ハミルトニアン H とは何か

これまでは方程式の導出に忙しく，その意味をよく吟味できなかったかもしれない。ここで，正準方程式の意味するところを考えてみよう。

ラグランジアン L にとって代わった関数は，ハミルトニアン H である。そして，変数 q はそのままで，$\dot{q}$ の代わりに変数 p を用いる。p は式③で定義されるが，これはすでにみたようにデカルト座標では運動量であった。それゆえ，p は広義の運動量成分と呼ばれる。つまりハミルトニアン H は，広義の座標 q と広義の運動量 p の関数 $H(q, p)$ である。

ところで，ラグランジアン L は運動エネルギー T －ポテンシャル U であった。ハミルトニアン H の物理的イメージは何であろうか。

ハミルトニアン H は式⑤から計算できるが，この式はどこかでみたことがある。講義07でラグランジュの方程式の積分形として出てきたものである(85ページ)。すなわち，座標変換が時間 t を含まず，ポテンシャルが位置だけの関数であるかぎり，

$$\dot{q}p = \dot{q}\frac{\partial L}{\partial \dot{q}} = \dot{q}\frac{\partial T}{\partial \dot{q}} = 2T$$

であった。ようするに，ラグランジュの方程式のエネルギー積分である

から，けっきょく，
$$H = T + U$$
である。言い換えると，

> ハミルトニアン H とは，その系の全力学的エネルギーを広義座標 (q, p) で表わしたものである。

ハミルトニアンの方程式の意味が一通り分かったところで，高校物理にも出てくる簡単な問題に適用してみよう。

演習問題 8-2 長さ l の糸の一端 O を固定し，他端に質量 m の質点を結び，鉛直面内で振り子運動させる（単振り子）。このときの質点の運動方程式を，以下の手順に従って導け。ただし，糸が鉛直方向となす角を θ，重力加速度の大きさを g とする。

(1) 広義座標を $q = \theta$ として，質点のラグランジアン L を求めよ。

(2) 正準変数の1つを $q = \theta$ としたとき，もう1つの正準変数 p_θ はどう書けるか。

(3) 質点のハミルトニアン H を p_θ と θ の関数として求めよ。

(4) 正準変数 (p_θ, θ) に関するハミルトンの正準方程式を書け。

(5) 正準方程式から，質点の運動方程式を導け。

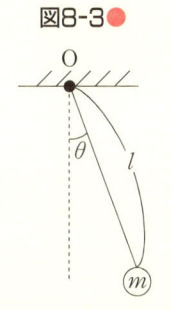

図8-3

解答&解説

ハミルトンの正準方程式（およびラグランジュの方程式）が使える前提は，質点系に働く力がポテンシャルで決まるときである。ただし，束縛力が束縛面に対して垂直であるかぎり仮想仕事は 0 だから，そのような束縛力はあってかまわない。単振り子はまさにこのようなケースである。質点は半径 l の円弧に束縛されているから，質点の位置を決める広義座

標は $q = \theta$，1つだけで考えればよい．

(1) 質点は半径 l(=一定)の円弧を描くから，質点の速さ v は $l\dot{\theta}$ である．すなわち，運動エネルギー T は $\frac{1}{2}m(l\dot{\theta})^2$．また，振り子の最下点をポテンシャルの基準にとれば，図から分かるとおり，ポテンシャル U は $mgl(1-\cos\theta)$ である．よって，ラグランジアン L は，

$$L = T - U = \frac{1}{2}m(l\dot{\theta})^2 - mgl(1-\cos\theta)$$

図8-4

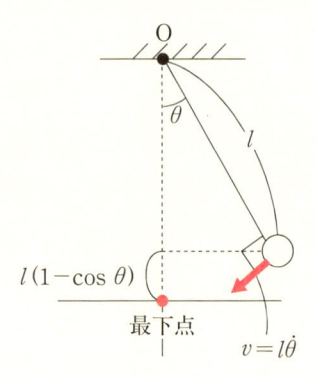

(2) 107ページ，式③より，

$$p_\theta = \frac{\partial L}{\partial \dot{\theta}} = ml^2\dot{\theta}$$

(3) ハミルトニアンの定義(107ページ，式⑤)より，

$$H = p_\theta\dot{\theta} - L = \frac{1}{2}m(l\dot{\theta})^2 + mgl(1-\cos\theta)$$

あるいは，最初から $H = T + U$ としてもよい．
ここで，

$$\dot{\theta} = \frac{p_\theta}{ml^2}$$

であるから，H を p_θ と θ で表わせば，

$$H = \frac{p_\theta^2}{2ml^2} + mgl(1-\cos\theta)$$

(4) 以上より，ハミルトンの正準方程式は，

$$\dot{\theta} = \frac{\partial H}{\partial p_\theta} = \frac{p_\theta}{ml^2}$$

$$\dot{p}_\theta = -\frac{\partial H}{\partial \theta} = -mgl\sin\theta$$

(5)　上の2つの正準方程式から p_θ を消去すれば，θ に関する2階微分方程式を得る．すなわち，

$$\ddot{\theta} = -\frac{g}{l}\sin\theta \qquad \blacklozenge$$

　上の結果は，ニュートン力学から導かれる接線方向の運動方程式と一致する．さらには，ラグランジュの方程式から導いても(当然ではあるが)同じ結果を得る．そして，ハミルトンの方程式で解くよりも簡単である．1階の連立微分方程式が，けっきょく最後には2階の微分方程式になるのだから，この問題をハミルトンの正準方程式で解く便利さは，ほとんどないといってよいだろう．

　それにもかかわらず，なぜハミルトンの正準方程式は重要なのか．それについては，次講以降で検討する．

　最後にもう1問，講義07の実戦問題をハミルトン形式で解く練習をしておこう．

実戦問題 8-1

静止している太陽の周囲を，万有引力によって平面運動している惑星を考える。この平面に2次元球座標 (r, φ) を取る。惑星の質量を m とし，惑星のポテンシャルは $U(r)$ と書けるものとする。また，惑星のラグランジアン L は，実戦問題 7-1 で求めたように，

$$L = \frac{1}{2}m(\dot{r}^2 + r^2\dot{\varphi}^2) - U(r)$$

である。その他の定数は適宜決めるものとし，以下の問いに答えよ。

図8-5

(1) 惑星のラグランジアン L から，正準変数の2つの運動量成分 p_r と p_φ を導け。

(2) 惑星のラグランジアン L から，ハミルトニアン H を求めよ。

(3) 4つのハミルトンの正準方程式を書け。

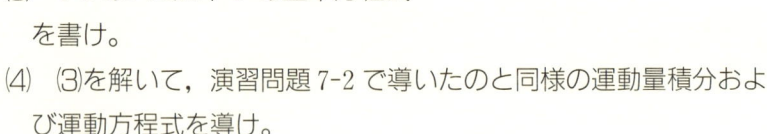

(4) (3)を解いて，演習問題 7-2 で導いたのと同様の運動量積分および運動方程式を導け。

解答 & 解説

頭を悩ますことは何もない。機械的な計算をしていくだけで，運動方程式が導かれる。

(1)
$$p_r = \frac{\partial L}{\partial \dot{r}} = \boxed{\text{(a)}}$$

$$p_\varphi = \frac{\partial L}{\partial \dot{\varphi}} = \boxed{\text{(b)}}$$

(2) ハミルトニアンの定義より（あるいは $T + U$ として），

$$H = p_r\dot{r} + p_\varphi\dot{\varphi} - L = \boxed{\text{(c)}}$$

ハミルトニアンは q と p を変数とした表現にしなければならないか

ら，(1)の結果より得られる

$$\dot{r} = \frac{p_r}{m}$$

$$\dot{\varphi} = \frac{p_\varphi}{mr^2}$$

を使って，

$$H = \boxed{\text{(d)}} + U(r)$$

(3) 広義座標は r と φ の2つであるから，それぞれに対応する広義運動量2つとあわせて，合計4つの正準方程式が得られる。すなわち，上のハミルトニアンを用いて，

$$\dot{r} = \frac{\partial H}{\partial p_r} = \frac{p_r}{m} \quad \cdots\cdots ①$$

$$\dot{p}_r = -\frac{\partial H}{\partial r} = \boxed{\text{(e)}} \quad \cdots\cdots ②$$

$$\dot{\varphi} = \frac{\partial H}{\partial p_\varphi} = \frac{p_\varphi}{mr^2} \quad \cdots\cdots ③$$

$$\dot{p}_\varphi = -\frac{\partial H}{\partial \varphi} = 0 \quad \cdots\cdots ④$$

(4) φ は循環座標で，式④は(角)運動量保存則を示す積分である。すなわち，式③より，

$$p_\varphi = mr^2\dot{\varphi} = C \quad （一定）$$

また，式①と式②より次の運動方程式が得られる。

$$m(\ddot{r} - r\dot{\varphi}^2) = \boxed{\text{(f)}}$$

これは演習問題 7-2 より求めた結果と同じである。◆

・・

(a) $m\dot{r}$ (b) $mr^2\dot{\varphi}$ (c) $\frac{1}{2}m(\dot{r}^2 + r^2\dot{\varphi}^2) + U(r)$ (d) $\frac{1}{2m}\left(p_r^2 + \frac{p_\varphi^2}{r^2}\right)$

(e) $\frac{p_\varphi^2}{mr^3} - \frac{\partial U}{\partial r}$ (f) $-\frac{\partial U}{\partial r}$

講義 09 位相空間

　前講では，ルジャンドル変換なるものを用いてハミルトンの正準方程式を導いた．対称性を利用した有名なテクニックなので，多くのテキストでハミルトニアンを導く手法として使われる．しかし，物理的イメージにこだわるなら，われわれが一貫して用いてきた原則は，最小作用の原理である(ポテンシャル以外の力がある一般的な場合にはハミルトンの原理)．そこで，最小作用の原理から正準方程式を導くこともやっておくことにしよう．

●最小作用の原理から正準方程式を導く

　まず，ラグランジアン L とハミルトニアン H の関係を次のように定義する．

$$L = p\dot{q} - H(q, p)$$

　この定義は前講のルジャンドル変換から出てきたものであるが，さらに以前に，ラグランジュの方程式のエネルギー積分を求める際にも出てきた形である．すなわち，上式は，系の全エネルギーを H で表わせば，ラグランジアン L は上のように書ける，という文脈で理解してもよい．

　ただし，ラグランジアン L は q と $\dot{q}$ の関数であったのに，上式の右辺には，$p, q, \dot{q}$ の3つの変数が登場する．しかし，案ずることはない．計算の過程で $\dot{q}$ はうまく消えてくれる．

　ついでにいえば，上の式は1質点の1次元の運動の場合の式であって，一般的には，自由度 f のとき，

$$p\dot{q} \to \sum_{r=1}^{f} p_r \dot{q}_r$$

であることは，いつも心しておこう(ある程度慣れてきたら，添字と Σ を付けた表記で書くようにした方が間違いがない)。

最小作用の原理は，講義04でみたように，

$$\delta \int_{t_0}^{t_1} L \mathrm{d}t = 0$$

であったから，それを H を使って書けば，

$$\delta \int_{t_0}^{t_1} \{p\dot{q} - H(q,p)\} \mathrm{d}t = 0$$

となる。

まず，$p\dot{q}$ の部分の積分がどうなるかみてみよう。

$$\delta(p\dot{q}) = p\delta\dot{q} + \dot{q}\delta p$$

であるが，$\delta\dot{q} = \dfrac{\mathrm{d}}{\mathrm{d}t}(\delta q)$ だから，上式の右辺第1項の積分は，例のごとく部分積分法を使って，

$$\int_{t_0}^{t_1} p\delta\dot{q}\mathrm{d}t = \Bigl[p\delta q\Bigr]_{t_0}^{t_1} - \int_{t_0}^{t_1} \dot{p}\delta q \mathrm{d}t$$

時刻 t_0 と時刻 t_1 では $\delta q = 0$ だから，右辺第1項は0である。よって，$\delta(p\dot{q})$ の積分は

$$\delta \int_{t_0}^{t_1} p\dot{q}\mathrm{d}t = \int_{t_0}^{t_1} (-\dot{p}\delta q + \dot{q}\delta p)\mathrm{d}t$$

また，H は p と q の関数であるから，

$$\delta H = \frac{\partial H}{\partial q}\delta q + \frac{\partial H}{\partial p}\delta p$$

以上より，

$$\delta \int_{t_0}^{t_1} L\mathrm{d}t = \int_{t_0}^{t_1} \left\{(-\dot{p}\delta q + \dot{q}\delta p) - \left(\frac{\partial H}{\partial q}\delta q + \frac{\partial H}{\partial p}\delta p\right)\right\} \mathrm{d}t$$

$$= \int_{t_0}^{t_1} \left\{\left(\dot{q} - \frac{\partial H}{\partial p}\right)\delta p - \left(\dot{p} + \frac{\partial H}{\partial q}\right)\delta q\right\} \mathrm{d}t = 0$$

これも，1次元ではなく多次元(自由度 f)で書いておけば，

$$\int_{t_0}^{t_1} \sum_{r=1}^{f} \left\{\left(\dot{q}_r - \frac{\partial H}{\partial p_r}\right)\delta p_r - \left(\dot{p}_r + \frac{\partial H}{\partial q_r}\right)\delta q_r\right\} \mathrm{d}t = 0$$

である。

ラグランジュの方程式を導いたときと同様，t_0, t_1 は任意だから，非

常に短い時間間隔を取れば，中の被積分関数は定数となり，かつ積分値は 0 でなければならないのだから，その定数は 0 である。

各 $\delta p_r, \delta q_r$ はそれぞれ独立に自由に取れるから，上式がつねに成立するためには，各 $\delta p_r, \delta q_r$ にかかっている係数が 0 でなくてはならない。

以上より，次のハミルトンの正準方程式が成立する。

$$\begin{cases} \dot{q}_r = \dfrac{\partial H}{\partial p_r} & (r = 1, 2, \cdots, f) \\ \dot{p}_r = -\dfrac{\partial H}{\partial q_r} & (r = 1, 2, \cdots, f) \end{cases}$$

1 質点 1 次元の運動であれば方程式は 2 つ。自由度 f の質点系であれば，方程式の数は $2f$ である。ラグランジュの方程式と比べて，微分方程式の階数が 1 つ減った分，方程式の数は 2 倍に増える。

● q 空間から q-p 空間へ

ラグランジュの方程式とハミルトンの方程式は，物理的にいえばニュートンの運動方程式と同等である。しかし，最小作用の原理を根本の物理法則と考え，それを数学的にみるならば，どちらもラグランジアンの作用積分が停留値を取るという点では同じだが，ラグランジュの方程式では q だけが変数であるのに対して，ハミルトンの方程式では変数が q

図9-1●

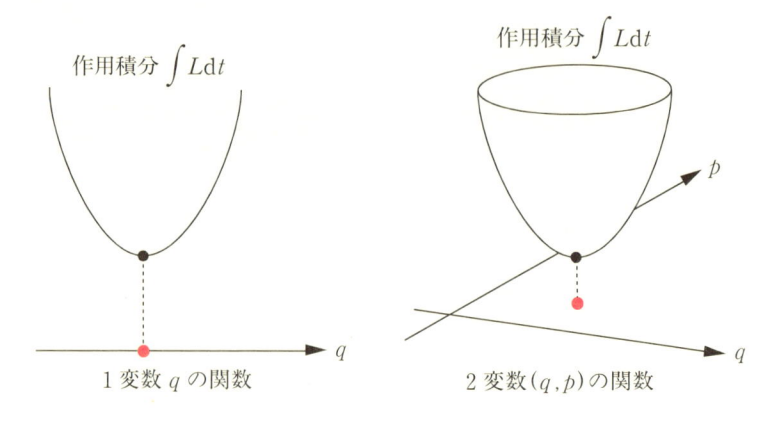

作用積分 $\int L dt$

1 変数 q の関数

作用積分 $\int L dt$

2 変数 (q, p) の関数

と p の2つになる。つまり，変化の領域が広くなっている(ラグランジアン L は q と $\dot{q}$ の2変数の関数であるが，$\dot{q}$ と表記する以上，$\dot{q}$ は q に従属している。それに対してハミルトニアン H の変数である q と p は，まったく独立な変数と見なされ，方程式からその関係が決まるのである)。1次元の場合についていえば，図のようである。

変域を拡大することによって，さまざまな可能性が広がることは，たとえば，話がだいぶ違うが，1次元の実数空間に対して2次元の複素平面を駆使する複素関数論などをみても容易に想像できるであろう。

演習問題 9-1 質量 m の質点がばね定数 k のつるまきばねにつながれて単振動している。振動は減衰することのない1次元運動であるとし，つり合いの位置を座標 $q=0$，質点の運動量を p として，以下の問いに答えよ。

(1) この系のハミルトニアン H を求めよ。
(2) この系のハミルトンの正準方程式を書け。
(3) 正準方程式を解き，初期条件を $t=0$ で $q=A$ (最大振幅)として，$q(t), p(t)$ を求めよ。
(4) 質点の軌跡を (q, p) 平面上に描き，その動きを考察せよ。

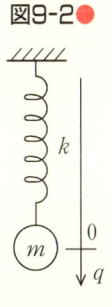

図9-2●

解答&解説

(1) ハミルトニアン H は，運動エネルギー＋位置エネルギー(ポテンシャル)だから，

$$H = \frac{1}{2m}p^2 + \frac{k}{2}q^2$$

(2) $\dot{q} = \dfrac{\partial H}{\partial p}$, $\dot{p} = -\dfrac{\partial H}{\partial q}$ より

$$\dot{q} = \frac{p}{m} \quad \cdots\cdots ①$$

$$\dot{p} = -kq \quad \cdots\cdots ②$$

(3) 式①より，

講義09●位相空間

$$p = m\dot{q}$$

これを式②に代入して p を消去し q の方程式を求めれば,

$$\ddot{q} = -\frac{k}{m}q$$

$k/m = \omega^2$ と書き換えれば,

$$\ddot{q} = -\omega^2 q$$

この方程式の一般解は, 定数を適当に C と φ として,

$$q = C\cos(\omega t + \varphi)$$

また, $\dot{q}$(速度)に関する式は, 上を微分して,

$$\dot{q} = -C\omega\sin(\omega t + \varphi)$$

以上に $t=0$ で $q=A, \dot{q}=0$ (A が最大振幅であれば, そこでの質点の速度は 0 である) の初期条件を入れれば,

$$C = A$$
$$\varphi = 0$$

を得る。よって, 解は,

$$q = A\cos\omega t$$
$$p = m\dot{q} = -mA\omega\sin\omega t$$
$$= -\sqrt{mk}\,A\sin\omega t$$

(4) (3)の解は, 単振動(調和振動子)の見慣れた形であるが, これを q と p の 2 変数の関数とみて, 図に描いてみよう。

まず, エネルギー保存則より, q と p の間には,

$$\frac{1}{2m}p^2 + \frac{k}{2}q^2 = E$$

という関係が成立するが, これは q と p に関しての楕円の式である。

$$E = \frac{1}{2}kA^2$$

$$\frac{k}{m} = \omega^2$$

という関係を使って, 定数を E(全エネルギー), ω(角振動数), A(振幅)で表わし, 式を整理すれば,

$$\frac{p^2}{\left(\frac{2E}{\omega A}\right)^2} + \frac{q^2}{A^2} = 1$$

これは，q 軸と p 軸の切片が A と $\frac{2E}{\omega A}$ の楕円である（図 9-3）。

図9-3●

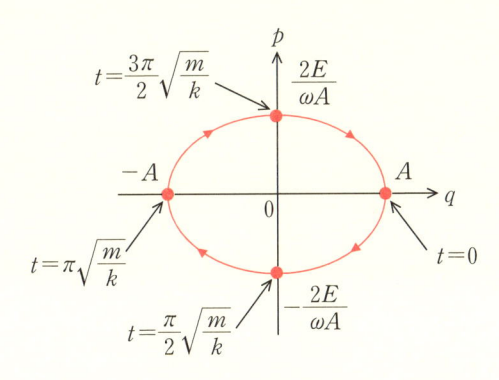

図をみながら，q-p 平面上をこの系がどのように動くかを追ってみよう。

$t=0$ で $q=A, p=0$（右端）。そこから，p はマイナス方向に変化するから，系の動きは楕円の下側に動く。つまり，系は q-p 平面を時計回りに周期 $T = 2\pi\sqrt{\frac{m}{k}}$ で回転する。◆

●位相空間とトラジェクトリ

演習問題 9-1 で示した q-p 平面は位相空間と呼ばれ，系の軌跡はトラジェクトリと呼ばれる。位相空間とトラジェクトリの考え方は，たんに運動方程式を解いて解 $q=q(t)$ を求めること以上の，興味深い事実を教えてくれる。われわれはこの図をもう少し追求してみよう。

系のエネルギーが大きいとき，その振幅もまた大きいから（振幅 A は $\sqrt{E}$ に比例する），q-p 平面での楕円の形は大きくなる。楕円の長軸と短軸の関係は，楕円の式をみれば角振動数 ω で決まることが分かるから，$\omega(=\sqrt{k/m})$ が一定なら（あるいは k と m が一定なら），エネルギーが大きくなるにつれて，相似形で楕円は大きくなる（図 9-4）。

図9-4

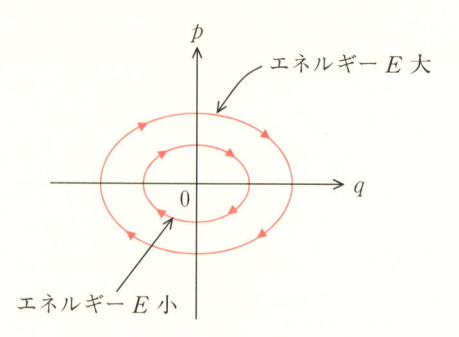

楕円の面積 S は，半長軸，半短軸を a, b として，
$$S = \pi ab$$
であるから，これを適用すれば，
$$S = \pi \frac{2E}{\omega A} \cdot A = \frac{2\pi E}{\omega} = \frac{E}{\nu}$$
ここで ν は振動数である。

つまり，振動数 ν が一定であるなら，この系のエネルギーは楕円の面積に比例する。

もし，この系のエネルギーが跳び跳びの値しか取れないとすると，系の取りうる軌跡は，跳び跳びの楕円となる。整数を n，比例定数を h とすれば，$S=nh$。これを，上の式に適用すれば，
$$E = nh\nu \quad (n = 1, 2, \cdots)$$
を得る。量子力学を少しでも学んだ人なら，もうお分かりであろう。プランクが提唱し，ボーアが定式化したエネルギー量子 $E=h\nu$ の考え方は，まさに作用積分の量子化から出てきたのであった。

●ハミルトニアン H は流体の速度場の関数と同じ

これまでは，1つの質点の単振動を扱ったが，これを多数の質点系に拡張しても，考え方はまったく同じである。自由度 f の質点系なら，q-p 平面が $2f$ 次元の空間となる。そうして，多数の質点がさまざまな運動をするにもかかわらず，この空間では系のふるまいは1つの点の軌跡として表わすことができる。前述したが，このような空間を**位相空間**

と呼び，1本の曲線で表わされる質点系の軌跡を**トラジェクトリ**と呼ぶ。

もし系のエネルギーが保存するなら，系のトラジェクトリは$2f-1$次元の超曲面の上を動くことになる。統計力学は，無数の分子の熱運動を力学的に解析しようとするものだが，位相空間の考え方を使えば，無数の分子の運動が，位相空間上の1点の運動（トラジェクトリ）で表現でき，系が取りうる可能な状態は位相空間における超曲面として表わすことができるのである。

なお，ついでに言及しておけば，位相空間におけるトラジェクトリは，視覚的に1つの質点の流れを表わしている。じっさい，ハミルトンの正準方程式は流体力学に登場する方程式と同じ形をしている。たとえば，2次元の（伸び縮みのない）流体を記述する方程式は次のようなものである。

$$\dot{x} = \frac{\partial \phi}{\partial y}$$

$$\dot{y} = -\frac{\partial \phi}{\partial x}$$

この方程式は，流体の速度が関数$\phi(x,y)$の偏微分から導かれることを示している。ϕを流れの関数と呼び，関数ϕが流体の動きを決めている。つまり，1質点1次元の運動を記述するハミルトンの正準方程式は，2次元流体の速度場の方程式と同じものだということである。

流体が伸び縮みしなければ，流体のある領域が時間とともにどのように形を変えようと，その面積は変わらない。位相空間におけるトラジェクトリについても同様のことがいえるのである。この点については，講義10で詳しくみることになるだろう。

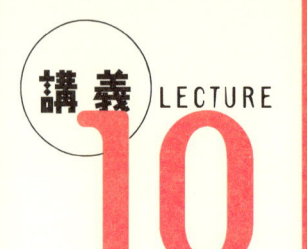

講義 LECTURE 10 正準変換

　本講は，解析力学入門道のクライマックスといってよい。登山にたとえれば，苦しい坂道を登ってきて，頂上間近で視界が開けるといった感じだろうか。

　そのために，前講の演習問題 9-1 のつづきからはじめよう。

　まずは次の簡単な図形の問題を考えていただきたい。

問1　x-y 平面上の楕円，
$$\frac{x^2}{a^2}+\frac{y^2}{b^2}=1$$
に対して，X-Y 平面上の円を考える。この楕円と円の面積が同じになるようにするには，どのような座標変換 $(x,y) \to (X,Y)$ をすればよいか。また，そのときの円の式（X と Y に関する2次式）を求めよ。

図10-1●

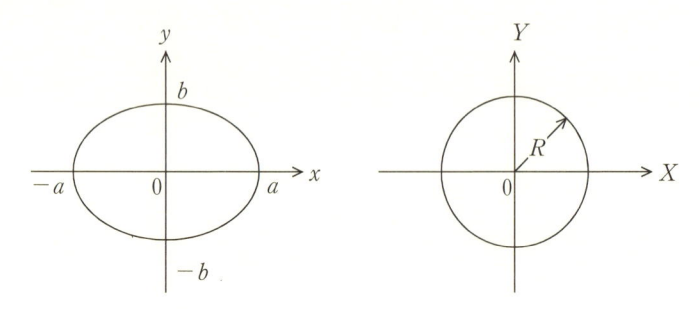

解答　X-Y 平面上の円の式は，円の半径を R として，
$$\frac{X^2}{R^2}+\frac{Y^2}{R^2}=1$$
と書ける。この円の面積が，与えられた楕円の面積と同じになるためには，
$$\pi R^2 = \pi ab$$

であればよい。ゆえに，

$$R = \sqrt{ab}$$

だから，求める円の式は，

$$\frac{X^2}{ab} + \frac{Y^2}{ab} = 1$$

この円の式と与えられた楕円の式を比べれば，変数 x と X，および y と Y の間に，

$$\frac{x^2}{a^2} = \frac{X^2}{ab}, \quad \frac{y^2}{b^2} = \frac{Y^2}{ab}$$

の関係があればよい。すなわち変数変換の式は，

$$\begin{cases} X = \sqrt{\dfrac{b}{a}}\, x \\ Y = \sqrt{\dfrac{a}{b}}\, y \end{cases}$$

ところで，円の式において，X と Y は完全に対称的であるから，入れ替えてもさしつかえない。つまり，可能な変換の式は，

$$\begin{cases} X = \sqrt{\dfrac{a}{b}}\, y \\ Y = \sqrt{\dfrac{b}{a}}\, x \end{cases}$$

でもよいことになる。◆

●位相空間トラジェクトリの楕円を円に変える

問1が何を目指しているかは，もう見当がつくであろう。

これを，1次元調和振動子(単振動)のハミルトン形式に適用してみることにする。

あらためて，ハミルトニアン H を書くと，

$$H = \frac{1}{2m} p^2 + \frac{k}{2} q^2 = E \quad (\text{一定})$$

変数 (q, p) と関数 $H(q, p)$ に対して，変換された変数 (Q, P) およびハミルトニアン $K(Q, P)$ を考える。座標系を変えても，エネルギーは同じでなくてはならないから，

$$K(Q, P) = H(q, p) = E \quad (\text{一定})$$

何度もふれたことだが，座標変換に時間 t が陽に含まれているときには，$K = H$

は保証されない。しかし，物理的に重要なのはエネルギー保存が成立する場合だから，ここでは変数にもハミルトニアンにも時間 t は陽には含まれないものとする。

そこで，新しいハミルトニアン K を次のように書こう。

$$K = \frac{P^2}{c^2} + \frac{Q^2}{c^2} = E \quad （一定）$$

注意すべきは，エネルギー保存が成立する座標変換は，ほかにもいくらでもあるということである。本講で目指しているのは，そうした広範な変換の全体像である。しかし，一般論の前に，なぜそのような変換をするのかを考えれば，実用上，便利だからである。同じ物理現象であっても，位相空間のトラジェクトリが楕円軌道になる座標系よりも，等速円運動する座標系の方が便利であろう。いま，1次元調和振動子の系に対して求めているのはそのような座標系である。

さて，問1と同様に考えて，位相空間 (q,p) から (Q,P) に移ったとき，楕円の面積と円の面積が同じ（つまりはエネルギーが不変）であるためには，H と K の式を比べて（問1の $\pi R^2 = \pi ab$ の式），

$$c^2 = \sqrt{2m} \times \sqrt{\frac{2}{k}} = \frac{2}{\omega}$$

よって，ハミルトニアン K は，

$$K = \frac{\omega}{2}(P^2 + Q^2) = E \quad （一定）$$

と書ける。

また，座標変換の式は，

$$Q = (mk)^{\frac{1}{4}} q$$
$$P = (mk)^{-\frac{1}{4}} p$$

となる。

さて，この新たな座標系でハミルトンの正準方程式を作ってみよう。変数 (q,p) と同じ方程式が成立するものとすると，

$$\begin{cases} \dot{Q} = \dfrac{\partial K}{\partial P} \\ \dot{P} = -\dfrac{\partial K}{\partial Q} \end{cases}$$

である。

じっさい計算してみると，

$$\dot{Q} = \frac{\partial K}{\partial P} = \omega P$$

$$\dot{P} = -\frac{\partial K}{\partial Q} = -\omega Q$$

だから，P を消去して，

$$\ddot{Q} = -\omega^2 Q$$

つまり，(q, p) の場合とまったく同じ運動方程式が得られた(演習問題 9-1, 117 ページ参照)。

●座標，運動量という概念を超える

ところで，問 1 でみたように，位相空間の面積が変わらない変換，言い換えれば，系のエネルギーであるハミルトニアンが変わらない変換は，1 次元調和振動子の場合，P と Q を入れ替えたものでもよい。すなわち，

$$Q = (mk)^{\frac{1}{4}} p$$
$$P = (mk)^{-\frac{1}{4}} q$$

という変換もまた，エネルギー保存の条件をみたし，かつ同じ運動方程式を導く(ただし，後述する正準変換をみたすためには，変換式のどちらかの符号をマイナスにしておかねばならない。付録(170 ページ)参照)。

ところが，Q を広義座標，P を広義運動量として，Q, P に物理的イメージを付随させると，変換によって座標が運動量に，運動量が座標に変換することになり，混乱を招くことになってしまう。じつのところ，正準方程式までくると，もはや座標とか運動量といった物理的概念は意味を持たなくなってしまうのである。それゆえ，q や p を座標や運動量

という呼び方をせず，数学的に対等な正準変数として扱う方が実情にあっているということになる。

つまり，今後われわれが考える変数変換は，系の自由度をfとして次のようなものである。

$$Q_r = Q_r(q_1, \cdots, q_f, p_1, \cdots, p_f) \quad (r = 1, 2, \cdots, f)$$
$$P_r = P_r(q_1, \cdots, q_f, p_1, \cdots, p_f) \quad (r = 1, 2, \cdots, f)$$

このような変換の中で，われわれが興味の対象とするのは，言うまでもなく，正準方程式が形を変えずに成立するものであり，さらにはハミルトニアン(すなわち，系のエネルギー)が不変に保たれるようなものである。このような条件をみたす変換を，**正準変換**と呼ぶ。

●正準変換

正準方程式が形を変えず，かつハミルトニアンが不変である条件は，考え方の原点に戻って，どちらの変数で書いても作用積分が同じ経路に対して停留値を取る——言い換えればラグランジアンLが同じであることだろう。

変数をq, p，ハミルトニアンを$H(q, p)$と書いたとき，講義08(107ページ)の議論より，ラグランジアンLは次の式で与えられた(だいぶ慣れてきただろうから，一般的に自由度fの系として書く)。

$$L = \sum \dot{q}_r p_r - H(q_1, \cdots, q_f, p_1, \cdots, p_f)$$

そこで，このLの形が変数Q, P，ハミルトニアンKの変換に対しても不変に保たれる条件は(ふたたび2変数で書くが)，

$$\dot{q}p - H(q, p) = \dot{Q}P - K(Q, P) \quad \cdots\cdots (\,?\,)$$

となるのではなかろうか。じっさい上の条件がみたされれば，どちらの変数で書いても，正準方程式は同じ形になる。

しかし，ちょっと待った。問題とすべきは，ラグランジアンLそのものではなく，Lの作用積分であった。作用積分が停留値を取る(すなわち，最小作用の原理が成立する)ことこそが，すべての議論の土台にあるのである。そこで思い出していただきたいのだが，講義07におい

て，作用積分が同じ停留値を取るときの L には，ある種の不定性があることをみた(演習問題 7-1)。すなわち，q と $\dot{q}$ を変数とする任意の関数を $W(q,\dot{q})$ とすると，

$$L' = L + \frac{dW}{dt}$$

もまた，ラグランジアンとして採用できるのであった。そこで，けっきょく求める条件は，W を Q と P を変数とする任意の関数として，

$$\dot{q}p - H(q,p) = \dot{Q}P - K(Q,P) + \frac{dW}{dt}$$

となる。

簡単に注釈しておけば，$\dot{q}$ は q と p で表わされるから，任意の関数 W は q と p で表わされる。さらに，q と p は変換によって Q と P で表わすことができる。このようにして，上式の左辺には $\frac{dW_1(q,p)}{dt}$，右辺には $\frac{dW_2(Q,P)}{dt}$ を加えてよいわけだが，W_1 は変数を Q,P に変えることができるから，それらを右辺にまとめれば $W(P,Q)$ となる。もちろん，左辺にまとめて $W(q,p)$ と書いても同じことであるし，さらにいえば，2 つの変数の組み合わせは，$(q,Q),(q,P),(p,Q),(p,P)$ など，どれであってもよい。

一般に，自由度 f の質点系に拡張すれば，変数変換，

$$\begin{cases} Q = Q(q_1,\cdots,q_f,p_1,\cdots,p_f) \\ P = P(q_1,\cdots,q_f,p_1,\cdots,p_f) \end{cases}$$

が正準変換であるための条件は，

$$\sum_{r=1}^{f} \dot{q}_r p_r - H(q_1,\cdots,p_f) = \sum_{r=1}^{f} \dot{Q}_r P_r - K(Q_1,\cdots,P_f) + \frac{dW}{dt}$$

である。

●母関数 W と正準変換の条件式

この条件式の最後についた任意関数 W は付け足しのようにみえるが，じつは変換が正準変換かどうかを見分ける指標となる。つまり，適当な W を持ってきて，そこから正準変換を作ることができるのである。

たとえば，適当な W を (q,Q) の変数の組み合わせで書いたとする

(簡単に 2 変数の場合とする)．このとき，
$$\frac{dW}{dt} = \frac{\partial W}{\partial q}\dot{q} + \frac{\partial W}{\partial Q}\dot{Q}$$
であるから，これを (2 変数の) 正準変換の条件式に入れてまとめれば，
$$\left(p - \frac{\partial W}{\partial q}\right)\dot{q} - \left(P + \frac{\partial W}{\partial Q}\right)\dot{Q} - (H - K) = 0$$
この条件が，$\delta q, \delta Q$ のいかなる変位に対しても成り立つためには，それぞれの項が 0 でなくてはならない．すなわち，
$$\begin{cases} p = \dfrac{\partial W}{\partial q} \\ P = -\dfrac{\partial W}{\partial Q} \\ H = K \end{cases}$$
この条件を一般の質点系に拡張すれば，
$$\begin{cases} p_r = \dfrac{\partial W}{\partial q_r} \quad (r = 1, 2, \cdots, f) \\ P_r = -\dfrac{\partial W}{\partial Q_r} \quad (r = 1, 2, \cdots, f) \\ H(q_1, \cdots, q_f, p_1, \cdots, p_f) = K(Q_1, \cdots, Q_f, P_1, \cdots, P_f) \end{cases}$$
この条件を使えば，任意の関数 W から簡単に正準変換を導くことができる．それゆえ，W をその正準変換の**母関数**と呼ぶ．

> **演習問題 10-1** 母関数 W を変数 q と P で表わしたときの正準変換の条件式を求めよ(2 変数の場合)。

解答&解説

W を q と P で表わせば，

$$\frac{dW}{dt} = \frac{\partial W}{\partial q}\dot{q} + \frac{\partial W}{\partial P}\dot{P}$$

であるから，正準変換の条件，

$$p\dot{q} - H = P\dot{Q} - K + \frac{dW}{dt}$$

の $\dot{Q}$ の項を $\dot{P}$ の項にできればよい。それには，

$$\frac{d}{dt}(PQ) = \dot{P}Q + P\dot{Q}$$

の関係を使えばよい。これを条件式に代入すれば，

$$p\dot{q} - H = \frac{d}{dt}(PQ) - \dot{P}Q - K + \frac{dW}{dt}$$

$$= -\dot{P}Q - K + \frac{d}{dt}(W + PQ)$$

もともと W は任意であったのだから，$W + PQ$ をあらためて W と書いて，さらに q と P の変数に直せばよい。そうすると，

$$\frac{dW}{dt} = \frac{\partial W}{\partial q}\dot{q} + \frac{\partial W}{\partial P}\dot{P}$$

より，

$$\left(p - \frac{\partial W}{\partial q}\right)\dot{q} + \left(Q - \frac{\partial W}{\partial P}\right)\dot{P} + K - H = 0$$

を得るから，これが任意の $\delta q, \delta P$ において成立するためには，

$$\begin{cases} p = \dfrac{\partial W}{\partial q} \\ Q = \dfrac{\partial W}{\partial P} \\ K = H \end{cases}$$

であることが必要である。

　以上のようにして，正準変換 $(q,p) \to (Q,P)$ を導く母関数 W は変数の 4 つの組み合わせ（変数を (x,X) として，x は q,p のどちらか，X は Q,P のどちらか）のどれを用いても表わすことができ，それぞれに応じた変換条件が導けることになる。◆

　母関数 W が与えられていれば，それに対応した正準変換を見つけることは比較的簡単である。次の実戦問題で試してみよう。

> **実戦問題 10-1**　1 質点の 1 次元の運動について，次のような母関数を考える。
> $$W = \frac{1}{2} q^2 \cot Q$$
> (1) 上の母関数から，正準変換 $(q,p) \to (Q,P)$ の変換式を求めよ。
> (2) この正準変換を，質量 m，ばね定数 k の単振動に適用する。ただし，変換前の変数 q,p として，123〜125 ページで導いたトラジェクトリが円になるものを採用し，ハミルトニアン H は ω を角振動数として，
> $$H = \frac{\omega}{2}(q^2 + p^2)$$
> で与えられるものとする。このとき，変数 (Q,P) におけるハミルトニアン K を求めよ。
> (3) 変数 (Q,P) における正準方程式を書き，それを解いて位相空間 (Q,P) でのトラジェクトリを図に描け。

解答 & 解説

(1) 母関数 W は，q と Q の関数で表わされているから，正準変換の条件は，
$$p = \frac{\partial W}{\partial q} = \boxed{\text{(a)}} \quad \cdots\cdots ①$$

$$P = -\frac{\partial W}{\partial Q} = \boxed{\text{(b)}} \quad \cdots\cdots ②$$

である。

式②より，
$$q = \sqrt{2P} \sin Q$$
がすぐに出てきて，この q の値を式①に代入すれば，
$$p = \sqrt{2P} \cos Q$$
これを逆に解けば，
$$Q = \arctan \frac{q}{p}, \quad P = \boxed{\text{(c)}}$$
が得られる。

(2) (q, p) におけるハミルトニアン H と (Q, P) におけるハミルトニアン K は，正準変換では等しくなければならない。(1)で求めた変換式を使って，
$$K = \frac{\omega}{2}\{(\sqrt{2P}\sin Q)^2 + (\sqrt{2P}\cos Q)^2\}$$
$$= \omega P$$

ハミルトニアン K はこの系の全エネルギーであり保存する。それゆえ，この結果は，$P=$ 一定を示している。また，系のエネルギーは変数 Q にはよらないことも示している。

(3) ハミルトニアン K を使って，正準方程式を書けば，
$$\dot{Q} = \frac{\partial K}{\partial P} = \boxed{\text{(d)}}, \quad \dot{P} = -\frac{\partial K}{\partial Q} = \boxed{\text{(e)}}$$
という簡単な方程式になり，その解は，
$$Q = \omega t + C_1 \quad (C_1 \text{ は定数})$$
$$P = C_2 \quad (\text{定数})$$

....

(a) $q \cot Q \left(= q \dfrac{\cos Q}{\sin Q}\right)$ (b) $-\dfrac{1}{2}q^2 \cdot \dfrac{-1}{\sin^2 Q}$ (c) $\dfrac{1}{2}(q^2 + p^2)$

(d) ω (e) 0

である。位相空間 (Q, P) にそのトラジェクトリを描けば，単純な Q 軸に平行な直線になる。系はこの直線上を一定の速さで正方向へ動いていく。

図10-2●

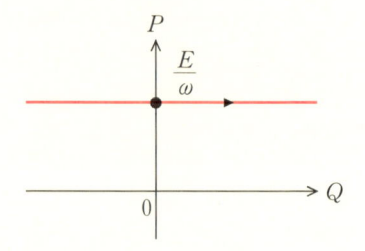

$$\frac{E}{\omega}$$

このように，正準変換を繰り返すことによって，複雑にみえる系もどんどん単純な運動へと変換できるのである。◆

●正準変換によって物理的概念は消失するのか

正準変換によって，本来の座標や運動量といった概念は意味を失うということを前述したが，しかしそれでは正準変換なるものは現実の物理的世界と無縁な純粋に数学的なものなのだろうか。じつはそうではない。

取り上げた1次元調和振動子の運動についての下記の4つの図をみてみよう。

図(a)は，じっさいのばねの振動の様子を描いたもので，1次元表示だから，その様子は単振動をみた経験がなければよく分からない。それに対して図(b)は，$q=x, p=mv$ として，位置と運動量を2次元の位相空間で表示したものである。こうしておくと，振動の様子(たとえば各位置における質点の速度など)が分析できる。図(c)になると，等速円運動だから分析はしやすい(じっさい，単振動は等速円運動の射影である)。しかし，q と p はもはや，その次元が位置と運動量になっていない。そういう意味では，じっさいの物理量と対応していないのだが，重要なことは，それでも，$q \times p$ という量の次元は作用であり，位置×運動量の次元と一致しているのである。図(d)になると，q はたんなる位相であり，

図10-3

(a)

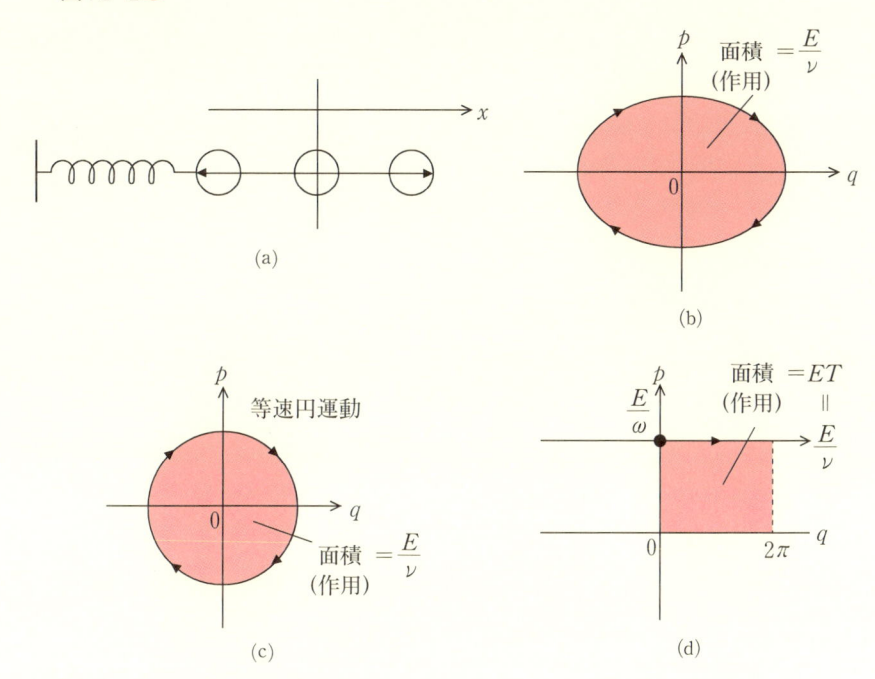

(b) 面積 $=\dfrac{E}{\nu}$ (作用)

(c) 等速円運動　面積 $=\dfrac{E}{\nu}$ (作用)

(d) 面積 $=ET$ (作用) $=\dfrac{E}{\nu}$

p がエネルギー÷角振動数の次元を持つことになる。それゆえ，$q \times p$ はやはり作用の次元を持つ。そしてそのことから，位相空間でトラジェクトリが囲む面積は，エネルギー×時間であり，それはいかなる正準変換においても不変に保たれるのである。

　それゆえ，こういう風に考えることもできるのである。最小作用の原理を自然法則の根本原理とみなすなら，われわれが現実に存在すると思っている位置や運動量という概念は，ひょっとすると実在しないのであって，作用こそが実在なのである——と。むろん，これはたんなる哲学風詭弁かも知れない。しかし，量子力学が解析力学を土台にして生まれてきたことは事実であって，量子力学は，「位置と運動量」「エネルギーと時間」という掛けると作用になる相補的な物理量同士の不確定性を主張するのである。

講義10●正準変換

●母関数 W を求めるのはむずかしい

さて，実戦問題で与えられた正準変換は，ポアンカレ変換と呼ばれる有名なものであるが，その母関数 W はどのようにして求められるのだろうか。

じつは，母関数 W から正準変換を導くことは比較的たやすいが，逆にある変換の母関数を求めることは，たやすいことではない。たとえば，123～125 ページで導いた単振動の楕円のトラジェクトリを円に移す変換は，変換式自体は簡単に求められたが，その母関数を求めることは相当むずかしい。

本書では母関数を導くテクニックについては，これ以上言及しないが，ごく大雑把な方針を示せば，次のようなことをやればよい。単振動のハミルトニアンを例にして示してみよう。

変換の前後のハミルトニアンを書けば，

$$H = \frac{1}{2m}p^2 + \frac{k}{2}q^2 = E \quad (\text{一定})$$

$$K = \frac{\omega}{2}(P^2 + Q^2) = E \quad (\text{一定})$$

であるが，母関数 W を q と Q の関数とすれば，正準変換の条件は，

$$p = \frac{\partial W}{\partial q}, \quad P = -\frac{\partial W}{\partial Q}$$

であるから，これをハミルトニアンの式に代入すれば，

$$\frac{1}{2m}\left(\frac{\partial W}{\partial q}\right)^2 + \frac{k}{2}q^2 = E$$

$$\frac{\omega}{2}\left\{\left(-\frac{\partial W}{\partial Q}\right)^2 + Q^2\right\} = E$$

この 2 式をみたす q と Q の関数 W を求めればよいわけだが，これは W を未知の関数とする連立偏微分方程式である。変数 q と Q は分離しているから，このケースの場合，実質的には 1 つの微分方程式が解ければよいわけだが，それほどたやすくない。

より一般的にいえば，変数は 2 つではなく，系の自由度が f であれ

ば，$2f$ 個の変数についての偏微分方程式となる。

　母関数 W を求める方法として，ハミルトン=ヤコビの方法などいくつかのテクニックが用いられるが，本書は入門書であるので，そうしたテクニックにまでは立ち入らない。

　そもそも母関数 W が導入された動機は，ある変数変換が正準変換であるかどうかを判定するためであった。じつは，それにはもっと簡単な方法がある。次講でその方法について学ぶことにしよう。

● 正準変換は群をなす

　最後に，公式めいた記述になるが，解析力学のテキストには必ず書いてあることなので，正準変換の特徴を箇条書きで並べておこう。証明は簡単かつあまり面白くもないから省略する（行列や群論の基礎を学んだ人にはお馴染みであろう）。

(1) 2つの正準変換 $T_1 : (q, p) \to (q', p')$ と $T_2 : (q', p') \to (q'', p'')$ があるとき，これを続けておこなった $(q, p) \to (q'', p'')$ なる変換もまた正準変換である。

これを記号的に書くなら，
$$T_3 = T_1 T_2$$
のとき，T_3 もまた正準変換である。

(2) 結合則が成立する。すなわち，
$$(T_1 T_2) T_3 = T_1 (T_2 T_3)$$

(3) 正準変換は，恒等変換 $(q, p) \to (q, p)$ を含む。

(4) 正準変換は，逆変換を含む。

　また，これらの条件をみたす変換全体は群を作る。これを **正準変換群** と呼ぶ。

講義 LECTURE 11 ポアソン括弧

　本講で紹介するポアソン括弧(およびラグランジュ括弧)は，前講末でも書いたように，2つの広義座標間の変換が正準変換か，そうでないかを簡単に判定できる手法である。しかし，それはポアソン括弧のごく一部の機能でしかない。正準変換がいかなる性質を持つものなのかを考えるときに，きわめて有用な計算式なのである。そんなわけで，話はやはり正準変換と位相空間のつづきである。

●正準変換における不変量

　これまで同様，1次元調和振動子のような，自由度が1で正準変数が q と p の2つだけの場合で考えていき，最後に自由度 f という系に拡張することにする。

　正準変換では，エネルギーが不変に保たれ，それは位相空間での面積と対応していることを，1次元調和振動子の例でみてきた。本講では，この話をより一般的に，かつ数学的に考えてみたい。一言でいうなら，正準変換によって不変に保たれるものは何なのかの追求である。

　変換 $(q,p) \rightarrow (Q,P)$ が正準変換であるための条件は，前講でみたように，

$$p\dot{q} - H = P\dot{Q} - K + \frac{dW}{dt}$$

であった (p と $\dot{q}$ の順序が，$p\dot{q}$ であったり $\dot{q}p$ であったりするが，同じことである。深い意味はない)。母関数 W は，変数 q, p, Q, P のいずれか2つで表わされる任意の関数である。ここで $K = H$ だからそれらを消し，かつ dt を掛けて変分表記にすれば，

$$p\delta q = P\delta Q + dW$$

図11-1

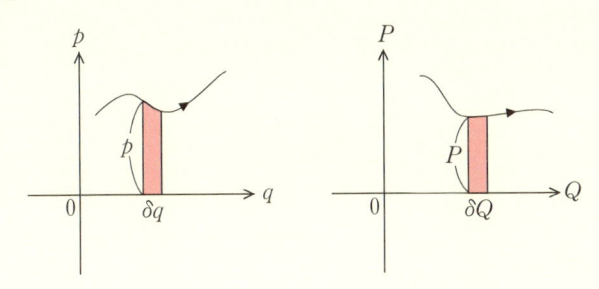

である。

$p\delta q$ と $P\delta Q$ は，図から分かるように，それぞれの位相空間の微小面積であり，その積分は考えている区間の面積である。

$$\int p\delta q - \int P\delta Q = \int \mathrm{d}W$$

積分の範囲を記すためには，各変数に共通のパラメーターを取った方がよいが，それは些末なことなので，ここでは略す。上式の右辺の積分は W であり，たとえば共通のパラメーターの変域を a から b までとすれば，$W(b) - W(a)$ である。ようするに，$p\delta q$ という量の積分には，正準変換によって W の変化分だけの差が出るということである。

図11-2

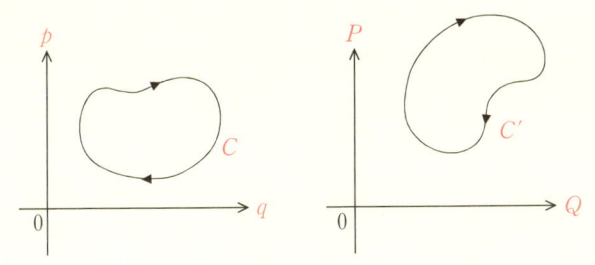

しかし，(q,p) 空間のトラジェクトリを，ぐるりと一周する閉曲線 C にしてみよう。

このとき，(Q,P) 空間のトラジェクトリ C' もまた閉曲線になるとすれば，W の値も当然元に戻るから，$\mathrm{d}W$ の一周積分の値は 0 である（ただし，C が閉曲線でも C' が閉曲線でない場合は，こういうことは

いえない)。よって，一周の積分を◯記号で書けば，

$$\oint_c p\delta q = \oint_{c'} P\delta Q$$

つまり，$p\delta q$ なる量を一周して積分した値は，正準変換において不変に保たれるということができる。123～125 ページのように，1 次元調和振動子のトラジェクトリが楕円から円に変わったとき，その面積が一定に保たれていたことに対応する。しかし，このことを，実戦問題 10-1 には適用できない。変換後のトラジェクトリが閉曲線になっていないからである。

しかし，電磁気学などでおなじみのストークスの定理によって，この一周積分は面積積分に変えることができる。すなわち，

$$\oint_c p\delta q = \iint_S \delta p \delta q$$

証明は以下のごとく簡単である。

問 1 x-y 平面において，

$$\left| \oint_c y\mathrm{d}x \right| = \iint_S \mathrm{d}x\mathrm{d}y$$

を証明せよ。ただし，$\oint_c$ は任意の閉曲線 C に沿う線積分，$\iint_S$ は閉曲線 C が囲う平面 S の面積積分である。ただし，右辺の面積はつねに正であるのに対して，左辺の線積分は回転の方向によって正負が逆になるので，その絶対値としておく。

図11-3

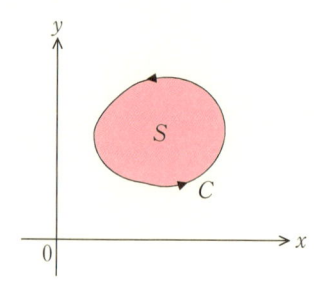

解答 $y\mathrm{d}x$ は ($p\delta q$ と同様) 図 11-4 の微小幅の細長い長方形の面積だから，y が普通の関数であるかぎり，結果はほとんど自明のことであるが，手順を踏むなら次の

ように証明すればよい。

図11-4●

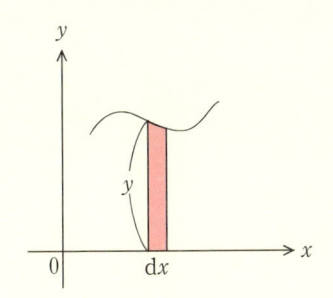

図11-5●

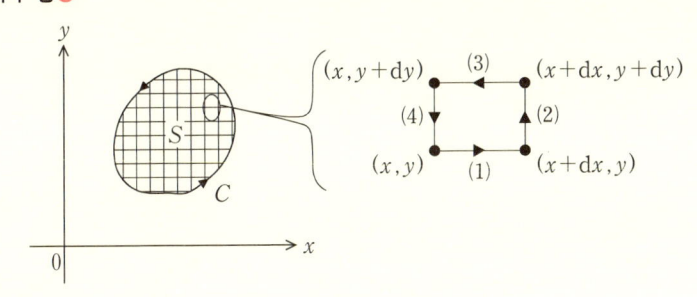

閉曲線 C が囲う平面 S を，2辺が dx と dy の微小な長方形に分割し，この微小長方形について一周積分を考える（反時計回りとする）。

経路(1)については，ydx。

経路(2)については，dx の幅が 0 だから，0。

経路(3)については，$-(y+dy)dx$

経路(4)については，dx の幅が 0 だから，0。

以上を合計すれば，この微小長方形の周りの一周積分の値は，

$$ydx - (y+dy)dx = -dxdy$$

$dxdy$ は，当然ながら微小長方形の面積である。

閉曲線 C の内部のすべての微小長方形について，すべて反時計回りでこの積分を合計すると，互いに隣り合う長方形の共通の辺の積分は，回転の向きが逆になるため打ち消し合う（図 11-6）。

よって，dx と dy をどんどん小さくしていけば，これらの積分の合計は，閉曲線 C に沿った部分だけが残ることになる。以上より，

図11-6 ● 共通の辺の線積分は打ち消し合う

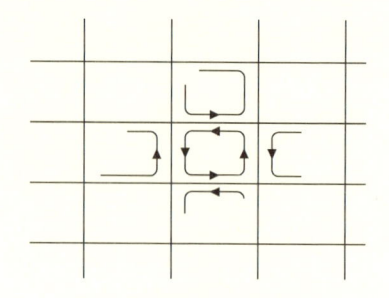

$$\left|\oint_C y\mathrm{d}x\right| = \iint_S \mathrm{d}x\mathrm{d}y$$

がいえたことになる。◆

　以上より，正準変換においては，位相空間の面積もまた不変量であるといえる。このことによって，実戦問題 10-1 の正準変換で，トラジェクトリが閉曲線にならなくても，対応する位相空間の面積が不変に保たれることも納得できるわけである。

　以上を自由度 f の質点系に拡張して書けば，正準変換 $(q,p) \rightarrow (Q,P)$ において，次の 2 つの不変式が成立する。

$$\oint_C \sum_{r=1}^f p_r \delta q_r = \oint_{C'} \sum_{r=1}^f P_r \delta Q_r$$

$$\iint_S \sum_{r=1}^f \delta p_r \delta q_r = \iint_{S'} \sum_{r=1}^f \delta P_r \delta Q_r$$

●ラグランジュ括弧の導入

　これまでの議論をより発展させるために，任意の 2 つの独立変数 u, v を導入する(任意であるということは，じつはこの u, v として変換後の Q や P を持ってこようという意図がある)。なぜ 2 つの変数を考えるかといえば，自由度 f の系の位相空間は $2f$ 次元の超空間となるが，必ず変数 q_r とそれに対応する変数 p_r の 2 つの変数による 2 次元平面が基本単位となるからである ($\delta p_1 \delta q_1 + \delta p_2 \delta q_2 + \cdots\cdots$ の積分が不変に保たれることを思い起こそう)。

変数 q_r と p_r は新しい変数 u, v の関数であるとする。

$$\begin{cases} q_r = q_r(u, v) \\ p_r = p_r(u, v) \end{cases}$$

図11-7

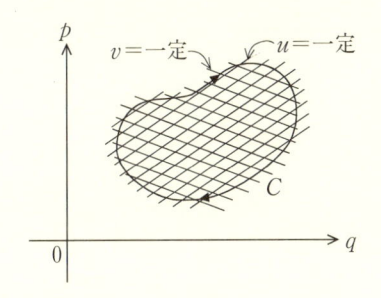

[図: 位相空間 p-q における閉曲線 C と $u=$一定, $v=$一定の曲線群]

言い換えれば，位相空間 q_r-p_r に新しい座標 u, v が設定されたと考えてもよい。

このとき，系のトラジェクトリが閉曲線 C をなすとし，その積分 $\oint \sum p_r \delta q_r$ を u, v で表わすと，やはりストークスの定理により，

$$\oint_C \sum_{r=1}^f p_r \delta q_r = \iint_S \sum_{r=1}^f \left(\frac{\partial q_r}{\partial u} \frac{\partial p_r}{\partial v} - \frac{\partial p_r}{\partial u} \frac{\partial q_r}{\partial v} \right) \mathrm{d}u \mathrm{d}v$$

となる(ただし符号は，トラジェクトリが時計方向に回転する場合を想定している。1次元調和振動子の例を参照(演習問題9-1))。

この式の右辺の括弧の中を**ラグランジュ括弧**と呼ぶ。ここからすぐに本講の主題であるポアソン括弧が導かれるので，式の導出は問1とまったく同様であるが，なぜ(　)の中のような式が出てくるのか，納得するために次の演習問題をやっていただこう。

演習問題 11-1　上に示した式を自由度 1 の系に適用して，
$$\oint_C p\delta q = \iint_S \left(\frac{\partial q}{\partial u}\frac{\partial p}{\partial v} - \frac{\partial p}{\partial u}\frac{\partial q}{\partial v}\right) du dv$$
を証明せよ。

解答 & 解説

図11-8

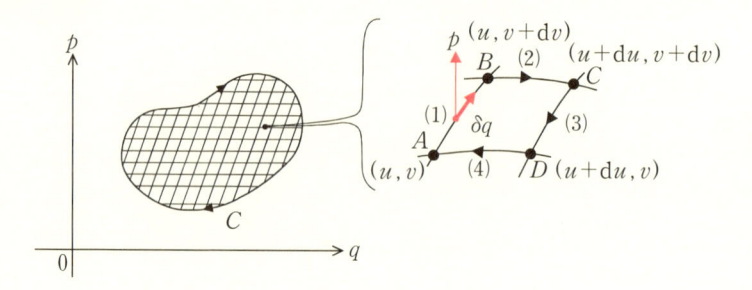

　2次元位相空間 q-p 上に，図のように(時計回りに)閉じたトラジェクトリ C を考える。この空間は，u=一定と v=一定の曲線群で覆われるから，それらの曲線群が囲む1つの微小な四角(長方形になるとは限らないので，平行四辺形にしておく)に着目する。平行四辺形の4つの角 A, B, C, D の座標(u と v の値)は図のようにそれぞれ，(u, v), $(u, v+dv)$, $(u+du, v+dv)$, $(u+du, v)$ であるとする。また，この四辺形を一周する経路を図のように(1), (2), (3), (4)と取る。

　それぞれの経路について，$p\delta q$ の値を求めよう。

　経路(1)では(δq が微小だから)p は変化しないものとし，その p の値として $p(u, v)$ を取る。また，δq の変化は(u が一定の経路だから)，$\dfrac{\partial q}{\partial v} dv$ となる。以上とまったく同様のことを経路(2), (3), (4)についてやれば，それぞれ，

$$\begin{cases} 経路(1): p(u,v)\dfrac{\partial q}{\partial v}\mathrm{d}v \\ 経路(2): p(u,v+\mathrm{d}v)\dfrac{\partial q}{\partial u}\mathrm{d}u \\ 経路(3): -p(u+\mathrm{d}u,v)\dfrac{\partial q}{\partial v}\mathrm{d}v \\ 経路(4): -p(u,v)\dfrac{\partial q}{\partial u}\mathrm{d}u \end{cases}$$

以上を合計すれば,

$$\{p(u,v+\mathrm{d}v)-p(u,v)\}\dfrac{\partial q}{\partial u}\mathrm{d}u - \{p(u+\mathrm{d}u,v)-p(u,v)\}\dfrac{\partial q}{\partial v}\mathrm{d}v$$

ここで, p の変分は,

$$\begin{cases} p(u,v+\mathrm{d}v)-p(u,v) = \dfrac{\partial p}{\partial v}\mathrm{d}v \\ p(u+\mathrm{d}u,v)-p(u,v) = \dfrac{\partial p}{\partial u}\mathrm{d}u \end{cases}$$

であるから, けっきょくこの微小平行四辺形の周囲を周る $p\delta q$ の合計は,

$$\left(\dfrac{\partial q}{\partial u}\dfrac{\partial p}{\partial v} - \dfrac{\partial p}{\partial u}\dfrac{\partial q}{\partial v}\right)\mathrm{d}u\mathrm{d}v$$

となる。
　隣り合う微小な四辺形の共通な辺の積分は互いに打ち消し合うから, けっきょく,

$$\oint_C p\delta q = \iint_S \left(\dfrac{\partial q}{\partial u}\dfrac{\partial p}{\partial v} - \dfrac{\partial p}{\partial u}\dfrac{\partial q}{\partial v}\right)\mathrm{d}u\mathrm{d}v$$

を得る。◆

　先にも述べたように, 結果の右辺の( )の中を, ラグランジュ括弧と呼ぶ。これを自由度 f の系に拡張し, 偏微分の引き算をいちいち書くのは面倒なので, 記号 [ ] で表わすことにする。すなわち,

$$[u,v] \equiv \sum_{r=1}^{f}\left(\dfrac{\partial q_r}{\partial u}\dfrac{\partial p_r}{\partial v} - \dfrac{\partial p_r}{\partial u}\dfrac{\partial q_r}{\partial v}\right)$$

自由度が2以上の場合には、ラグランジュ括弧の値は、1からfまでの合計($\sum$)になるが、その場合でもq_rとp_rがペアになっていることに注意しておこう。決してq_iとp_j $(i \neq j)$の組み合わせにはならないのである。

問2 ラグランジュ括弧の変数u,vを、$u=q_r, v=p_r$とすれば、正準変換の不変式、
$$\oint_C \sum_{r=1}^{f} p_r \delta q_r = \iint_S \sum_{r=1}^{f} \delta p_r \delta q_r$$
が導けることを示せ。

解答 u,vは任意なので、独立な変数であれば何を持ってきてもよい。そこで、まずそれを(q_r, p_r)にしてみようということである。自由度1では簡単すぎるので、自由度fの系を考える。

ラグランジュ括弧の定義より、
$$[q_r, p_r] = \sum_{i=1}^{f}\left(\frac{\partial q_i}{\partial q_r}\frac{\partial p_i}{\partial p_r} - \frac{\partial p_i}{\partial q_r}\frac{\partial q_i}{\partial p_r}\right)$$

ここで添字の使い方に注意しよう。u,vとしてq_r, p_rを選んでいるから、添字rは決定されている。そこで、定義式に用いた$\sum$の添字にrを用いると混同してしまうから、定義式の添字をiとし、$\sum$はiを1からfまでとする。

もし、$i \neq r$なら、その項の偏微分はすべて0である。$i=r$のときのみ、( )の中は残るが、その値は書くまでもないが、
$$\frac{\partial q_r}{\partial q_r}\frac{\partial p_r}{\partial p_r} = 1, \quad \frac{\partial p_r}{\partial q_r}\frac{\partial q_r}{\partial p_r} = 0$$
であるから、1である。よって、
$$\oint_C \sum_{r=1}^{f} p_r \delta q_r = \iint_S [u,v] \mathrm{d}u \mathrm{d}v$$
$$= \iint_S [q_r, p_r] \delta q_r \delta p_r = \iint_S \sum_{r=1}^{f} \delta q_r \delta p_r \quad \blacklozenge$$

　さて、このラグランジュ括弧を正準変換$(q,p) \to (Q,P)$に適用してみると、単純明快な結果で出てくる。

> **演習問題 11-2**
> $(q,p) \to (Q,P)$ を(自由度 f の)任意の正準変換とするとき,次のことを証明せよ.
> $$[Q_r, Q_s] = 0, \quad [P_r, P_s] = 0, \quad [Q_r, P_s] = \delta_{rs}$$
> ただし,δ はクロネッカーのデルタと呼ばれる記号で,$r = s$ のときの値は 1,$r \neq s$ のときの値は 0 と決める.

解答&解説

正準変換 $(q,p) \to (Q,P)$ において,(q,p) においても,(Q,P) においても,u, v を共通に独立な変数とすると,

$$\oint_C \sum_{r=1}^f p_r \delta q_r = \iint_S [u,v] \mathrm{d}u \mathrm{d}v = \iint_S \sum_{r=1}^f \left(\frac{\partial q_r}{\partial u} \frac{\partial p_r}{\partial v} - \frac{\partial p_r}{\partial u} \frac{\partial q_r}{\partial v} \right) \mathrm{d}u \mathrm{d}v$$

$$\oint_{C'} \sum_{r=1}^f P_r \delta Q_r = \iint_{S'} [u,v] \mathrm{d}u \mathrm{d}v = \iint_{S'} \sum_{r=1}^f \left(\frac{\partial Q_r}{\partial u} \frac{\partial P_r}{\partial v} - \frac{\partial P_r}{\partial u} \frac{\partial Q_r}{\partial v} \right) \mathrm{d}u \mathrm{d}v$$

上の 2 式は,$(q,p) \to (Q,P)$ が正準変換であるから,当然等しい.

$$\iint_S \sum_{r=1}^f \left(\frac{\partial q_r}{\partial u} \frac{\partial p_r}{\partial v} - \frac{\partial p_r}{\partial u} \frac{\partial q_r}{\partial v} \right) \mathrm{d}u \mathrm{d}v$$
$$= \iint_{S'} \sum_{r=1}^f \left(\frac{\partial Q_r}{\partial u} \frac{\partial P_r}{\partial v} - \frac{\partial P_r}{\partial u} \frac{\partial Q_r}{\partial v} \right) \mathrm{d}u \mathrm{d}v$$

いま,$u = Q_r, v = Q_s$ とおくと,r と s が何であれ(等しくても,等しくなくても)右辺の値は 0 になる.よって,左辺の被積分項は 0 にならなければならない.すなわち,

$$[Q_r, Q_s] = 0$$

まったく同様のことが $u = P_r, v = P_s$ にも適用できるから,

$$[P_r, P_s] = 0$$

Q_r と R_s の組み合わせの場合,$r \neq s$ であれば,右辺は 0.$r = s$ のときには,添字をすべて r にして,

$$\frac{\partial Q_r}{\partial Q_r} \frac{\partial P_r}{\partial P_r} - \frac{\partial P_r}{\partial Q_r} \frac{\partial Q_r}{\partial P_r} = 1 - 0 = 1$$

よって,

$$\frac{\partial q_r}{\partial Q_r} \frac{\partial p_r}{\partial P_r} - \frac{\partial p_r}{\partial Q_r} \frac{\partial q_r}{\partial P_r} = 1$$

以上より，
$$[Q_r, P_s] = \delta_{rs}$$
がいえた。

あらためてまとめると，正準変換$(q,p) \to (Q,P)$において，
$$\begin{cases} [Q_r, Q_s] = 0 \\ [P_r, P_s] = 0 \\ [Q_r, P_s] = \delta_{rs} \end{cases} \cdots\cdots(*) \quad\blacklozenge$$

●ポアソン括弧の導入

さて，われわれの当初の目的は，ある変換$(q,p) \to (Q,P)$が正準変換か否かを簡単に見分ける方法を見つけることだった。もし，この変換が，
$$\begin{cases} q_r = q_r(Q_1, \cdots, Q_f, P_1, \cdots, P_f) \\ p_r = p_r(Q_1, \cdots, Q_f, P_1, \cdots, P_f) \end{cases}$$
の形に書かれていれば，式$(*)$を検証することによって，変換が正準変換かどうかを簡単に判定できる。$\dfrac{\partial q}{\partial Q}$などの偏微分が簡単にできるからである。

しかし，変換が，
$$\begin{cases} Q_r = Q_r(q_1, \cdots, q_f, p_1, \cdots, p_f) \\ P_r = P_r(q_1, \cdots, q_f, p_1, \cdots, p_f) \end{cases}$$
の形の場合には，この式から逆変換の式を求めないと式$(*)$は使えない。

しかし，これを解決するのは簡単である。u, vの関数であるq, pを逆に解けば，
$$\begin{cases} u = u(q_1, \cdots, q_f, p_1, \cdots, p_f) \\ v = v(q_1, \cdots, q_f, p_1, \cdots, p_f) \end{cases}$$
が得られる。このようにu, vとq, pの関係を入れ替えて同様の式を定義する。

$$(u, v) \equiv \sum_{r=1}^{f} \left(\frac{\partial u}{\partial q_r} \frac{\partial v}{\partial p_r} - \frac{\partial v}{\partial q_r} \frac{\partial u}{\partial p_r} \right)$$

このラグランジュ括弧の分母分子をひっくり返したような式を**ポアソン括弧**と呼ぶ(じっさい，ラグランジュがラグランジュ括弧を考案したあと，ポアソンがすぐにそのアイデアを出した)。

正準変換はラグランジュ括弧を不変に保つ。ポアソン括弧はそのラグランジュ括弧と，対称的な形で関係している。つまり，q,p が u,v の関数として書ければ，逆に u,v は q,p の関数として書けるから，$\frac{\partial q}{\partial u}$ が決まれば，$\frac{\partial u}{\partial q}$ も一意的に決まる。それゆえ，ポアソン括弧もまた正準変換において不変に保たれるのである。

u,v は任意の独立変数であるから，これに変数 Q,P を入れれば，まったく同様にして，

$(q_r, p_r) \to (Q_r, P_r)$ が正準変換であるとき，
$$\begin{cases} (Q_r, Q_s) = 0 \\ (P_r, P_s) = 0 \\ (Q_r, P_s) = \delta_{rs} \end{cases}$$

なる関係が得られる。

このポアソン括弧の式は，もし新しい変数 Q,P が $Q(q,p), P(q,p)$ の形で与えられるなら，その偏微分は簡単であるから，$(q,p) \to (Q,P)$ が正準変換であるかないかを，母関数 W を求めることをせずに，すぐに検証できることになる。

演習問題 11-3 講義 10 で導いた，1 次元調和振動子について，位相空間でのトラジェクトリが楕円→円→直線に至る 2 つの変換が正準変換であることを，ポアソン括弧を用いて証明せよ。

図11-9

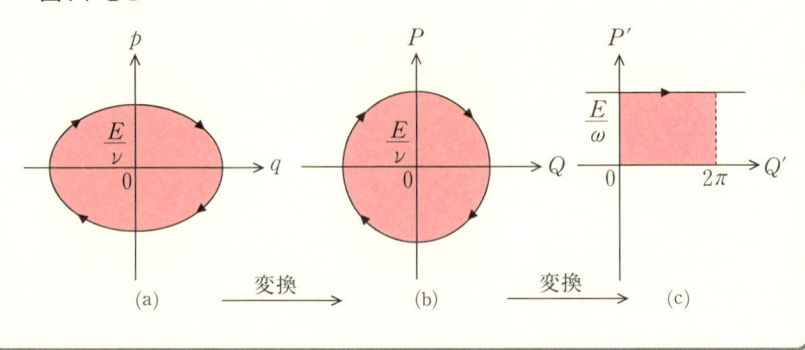

(a) 楕円（p-q 平面，E/ν） → 変換 → (b) 円（P-Q 平面，E/ν） → 変換 → (c) 直線（P'-Q' 平面，E/ω，$0 \sim 2\pi$）

解答 & 解説

まず，トラジェクトリを楕円から円にする変換 $(q,p) \to (Q,P)$ は，

$$\begin{cases} Q = (mk)^{\frac{1}{4}} q \\ P = (mk)^{-\frac{1}{4}} p \end{cases}$$

である（124 ページ）。これより，

$$(Q, Q) = \frac{\partial Q}{\partial q} \frac{\partial Q}{\partial p} - \frac{\partial Q}{\partial q} \frac{\partial Q}{\partial p} = 0$$

$$(P, P) = \frac{\partial P}{\partial q} \frac{\partial P}{\partial p} - \frac{\partial P}{\partial q} \frac{\partial P}{\partial p} = 0$$

$$(Q, P) = \frac{\partial Q}{\partial q} \frac{\partial P}{\partial p} - \frac{\partial P}{\partial q} \frac{\partial Q}{\partial p}$$

$$= (mk)^{\frac{1}{4}} \cdot (mk)^{-\frac{1}{4}} - 0 = 1$$

であるから，$(q,p) \to (Q,P)$ は正準変換である。

次に，トラジェクトリを円から直線にする変換 $(Q,P) \to (Q',P')$ は，

$$\begin{cases} Q' = \arctan \dfrac{Q}{P} \\ P' = \dfrac{1}{2}(P^2 + Q^2) \end{cases}$$

である(実戦問題 10-1)。自由度 1 の系の場合，上でみたように，ポアソン括弧 (Q', Q'), (P', P') はつねに 0 である。
$$(Q', Q') = 0, \quad (P', P') = 0$$
ポアソン括弧 (Q', P') は，変換式を偏微分しなければならないが，一般に，
$$\begin{cases} \dfrac{\mathrm{d}}{\mathrm{d}x}\left(\arctan\dfrac{x}{a}\right) = \dfrac{1}{1+\left(\dfrac{x}{a}\right)^2}\cdot\dfrac{1}{a} = \dfrac{a}{a^2+x^2} \\ \dfrac{\mathrm{d}}{\mathrm{d}x}\left(\arctan\dfrac{a}{x}\right) = \dfrac{1}{1+\left(\dfrac{a}{x}\right)^2}\cdot\left(-\dfrac{a}{x^2}\right) = -\dfrac{a}{a^2+x^2} \end{cases}$$
であるから，
$$\begin{cases} \dfrac{\partial Q'}{\partial Q} = \dfrac{\partial}{\partial Q}\left(\arctan\dfrac{Q}{P}\right) = \dfrac{P}{P^2+Q^2} \\ \dfrac{\partial Q'}{\partial P} = \dfrac{\partial}{\partial P}\left(\arctan\dfrac{Q}{P}\right) = -\dfrac{P}{P^2+Q^2} \end{cases}$$
よって，
$$(Q', P') = \dfrac{\partial Q'}{\partial Q}\cdot\dfrac{\partial P'}{\partial P} - \dfrac{\partial P'}{\partial Q}\cdot\dfrac{\partial Q'}{\partial P}$$
$$= \dfrac{P}{P^2+Q^2}\cdot P - \left(-\dfrac{Q}{P^2+Q^2}\cdot Q\right) = 1$$

以上より，$(Q, P) \to (Q', P')$ は正準変換である。

ついでに，この変換をラグランジュ括弧で確かめてみよう。逆変換式(実戦問題 10-1)は，
$$\begin{cases} Q = \sqrt{2P'}\sin Q' \\ P = \sqrt{2P'}\cos Q' \end{cases}$$
である。

ポアソン括弧同様，$[Q, Q] = 0, [P, P] = 0$ は明らか。
$$[Q, P] = \dfrac{\partial Q}{\partial Q'}\dfrac{\partial P}{\partial P'} - \dfrac{\partial P}{\partial Q'}\dfrac{\partial Q}{\partial P'}$$
$$= \sqrt{2P'}\cos Q'\cdot\dfrac{\cos Q'}{\sqrt{2P'}} - \left(-\sqrt{2P'}\sin Q'\cdot\dfrac{\sin Q'}{\sqrt{2P'}}\right)$$

$$= \cos^2 Q' + \sin^2 Q' = 1$$

◆

●ポアソン括弧はさまざまな概念に応用できる

　ラグランジュ括弧とポアソン括弧は数学的には同等のものであるから，それぞれの場合に応じて便利な方を使えばよい。量子力学などではもっぱらポアソン括弧が使われるが，それは次のような使い方をするからである。

　変数(q, p)（および時間t）の関数である任意の物理量を$F(q, p, t)$とする(自由度1の系を考える)。このとき，Fの時間微分は，

$$\frac{dF}{dt} = \frac{\partial F}{\partial q}\dot{q} + \frac{\partial F}{\partial p}\dot{p} + \frac{\partial F}{\partial t}$$

と書ける。もし，Fが時間を陽に含まなければ，$\frac{\partial F}{\partial t}$の項は0である。ここではそのような場合を考えよう。そうすると，上式はハミルトンの正準方程式，

$$\begin{cases} \dot{q} = \dfrac{\partial H}{\partial p} \\ \dot{p} = -\dfrac{\partial H}{\partial q} \end{cases}$$

を使って，

$$\frac{dF}{dt} = \frac{\partial F}{\partial q}\frac{\partial H}{\partial p} - \frac{\partial H}{\partial q}\frac{\partial F}{\partial p}$$

と書ける。

　この式の右辺は，まさにポアソン括弧(F, H)である！
　よって，

$$\frac{dF}{dt} = (F, H)$$

　もし，物理量Fが時間とともに変化しないなら，$\frac{dF}{dt} = 0$だから，上式は，

> 「ある物理量 F とその系のハミルトニアン H のポアソン括弧が 0 であるなら，F は時間に対して不変に保たれる」

ということをいっている。

また，F として p と q を取るなら，

$$\frac{\mathrm{d}q}{\mathrm{d}t} = (q, H)$$

$$\frac{\mathrm{d}p}{\mathrm{d}t} = (p, H)$$

となるが，これは正準方程式をポアソン括弧の表現で書いたものにほかならない。

もちろん，以上のようなことは，たんなる表現の書き換えにすぎない。しかし，偏微分の式を長々と書くよりも，簡潔にポアソン括弧で書けば，その式が表現している概念をより単純明快に表わすことになり，そこから新たな事実が分かってくることもあるのである(たとえば，量子力学ではポアソン括弧が，相補的な物理量の不確定性原理などと密接に結びついてくる)。

●解析力学を創った人々

ポアソン(1781-1840)

講義 12 LECTURE 無限小変換

　前講までで，正準変換とは何なのかということは，一通りお分かりいただけたのではないかと思う。本講では，解析力学入門の締めくくりとして，無限小変換について学ぶ。名前だけ聞くといかにもむずかしそうであるが，じつは話は逆である。無限小とは要するに微分である。微分の神髄は線形性であって(付録「やさしい数学の手引き」参照)，すべての変化を直線的に(式でいえば1次式で)考えることである。それゆえ，無限小変換は，正準変換の中でも，線形性が保たれるもっとも単純な変換なわけである。また，そのことによって，正準変換の基本的な構造もみえてくるのである。

　もとの正準変数を q, p とし，そこから q も p もほんの少し(無限小)だけ変化させた正準変数を Q, P としたとき，これを**無限小変換**と呼ぶ。線形性を仮定すれば，この変換は一般に，

$$\begin{cases} Q_r = q_r + f_r (1\text{次の微小量}) \\ P_r = p_r + g_r (1\text{次の微小量}) \end{cases} \quad (r = 1, 2, \cdots, f)$$

と書けるはずである。この f_r, g_r を求め，それがどのような性質を持っているかを探るのが本講の目的である。

●恒等変換

　まず準備として，次の問題をやっていただこう。

> **演習問題 12-1**
>
> 正準変換 $(q,p) \to (Q,P)$ において,
>
> $$Q = q$$
> $$P = p$$
>
> となる変換を**恒等変換**と呼ぶ。恒等変換を導く母関数 W（の1例）を見つけよ。ただし，自由度1の系とする。

解答&解説

恒等変換が，正準変換の条件をみたすことは，ポアソン括弧を用いるまでもなく明らかであろう。講義10の原点に戻れば(127ページ)，正準変換の条件はラグランジアン L を不変に保つことだった。すなわち自由度1の系では，

$$p\dot{q} - H(q,p) = P\dot{Q} - K(Q,P) + \frac{dW}{dt}$$

ここで，右辺の Q, P を q, p に置き換えれば($H=K$ は明らかだから)，$\frac{dW}{dt}=0$ となる。よって，$W=$定数となるが，母関数が定数では，W の偏微分で表わされる変数がすべて0となって意味をなさない。

重要なことは，W の値がいくらかということではなく，W が変数 q, p, Q, P を使ってどう書けるかということである。そこで，演習問題10-1で求めた正準変換の条件式を使うことにしよう(129ページ)。もし，W が q と P の関数であれば($H=K$ は当然として)，

$$\begin{cases} p = \dfrac{\partial W}{\partial q} \\ Q = \dfrac{\partial W}{\partial P} \end{cases}$$

である。この式と，恒等変換の式，

$$\begin{cases} P = p \\ Q = q \end{cases}$$

をじっとにらめば，

$$W = Pq$$

を思いつく。じっさい，

$$\frac{\partial W}{\partial q} = P$$

だから,

$$p = P$$

$$\frac{\partial W}{\partial P} = q$$

だから,

$$Q = q$$

である。

　W の変数として q と P を選んだのにはわけがある。もし，W の変数を q と Q にすると，講義 10 (128 ページ) より，正準変換の条件は，

$$\begin{cases} p = \dfrac{\partial W}{\partial q} \\ P = -\dfrac{\partial W}{\partial Q} \end{cases}$$

であるが，この式からはどうしても恒等変換を導けない。

　ついでに補足しておけば，W の変数として，あと (p,P) と (p,Q) の組み合わせがあるが，(p,Q) を選ぶと，正準変換の条件式は，

$$\begin{cases} q = -\dfrac{\partial W}{\partial p} \\ P = -\dfrac{\partial W}{\partial Q} \end{cases}$$

となる (各自，確かめよ)。そこで母関数として，

$$W(Q,p) = -pQ$$

を選べば，これもまた恒等変換を導くことが分かる (各自，確かめよ)。◆

　自由度 f の系に拡張しておこう。恒等変換，

$$\begin{cases} Q_r = q_r \\ P_r = p_r \end{cases} \quad (r = 1, 2, \cdots, f)$$

の母関数 (の 1 つ) は，

$$W = \sum_{r=1}^{f} P_r q_r$$

で与えられる。

●無限小変換

ふたたび自由度1の系を考える。無限小変換の母関数は，演習問題12-1の結果を利用して，ε を微小な定数，S を q と p の適当な関数として，

$$W = Pq + \varepsilon S(q,p)$$

と書けるであろう。εS は1次の微小量で，このような線形の形に書けることが無限小変換の強みである。また，S は q と p の関数としたが，$p \fallingdotseq P$ であるから，$S(q,p) = S(q,P)$ と見なしてもよいだろう。そこで，演習問題12-1と同様，W を q と P の関数と見なせば，この無限小変換が正準変換であるための条件は，まず，

$$p = \frac{\partial W}{\partial q} = P + \varepsilon \frac{\partial S(q,p)}{\partial q}$$

また，

$$Q = \frac{\partial W}{\partial P} = q + \varepsilon \frac{\partial S(q,P)}{\partial P} = q + \varepsilon \frac{\partial S(q,p)}{\partial p}$$

以上より，

$$\begin{cases} \delta q \equiv Q - q \\ \delta p \equiv P - p \end{cases}$$

とおけば，

$$\begin{cases} \delta q = \varepsilon \dfrac{\partial S(q,p)}{\partial p} \\ \delta p = -\varepsilon \dfrac{\partial S(q,p)}{\partial q} \end{cases}$$

となる。

自由度 f の系について書いておけば，次の通りである。

$$\begin{cases} \delta q_r = \varepsilon \dfrac{\partial S(q,p)}{\partial p_r} \\ \delta p_r = -\varepsilon \dfrac{\partial S(q,p)}{\partial q_r} \end{cases} \quad (r = 1, 2, \cdots, f)$$

この S のことを**無限小変換の母関数**と呼ぶ。もちろん，無限小変換

にも(後の例でみるように)いろいろあるわけで，それぞれの無限小変換に応じて母関数 S の形も異なるのは当然である。

　上の式をみれば，ε という微小な数がついているだけで，その形自体は，ハミルトンの正準方程式と同じである。このこともまた，線形性のおかげである。

　とはいえ，無限小変換は現実的ではない極限操作だけにしか適用できないのかといえば，そうではない。無限小の並進操作を無限に繰り返せば，有限の並進操作になるし，無限小の回転操作を無限に繰り返せば，有限の回転操作となる(分野は違うが，熱力学の準静的過程を思い起こしていただければよい)。多くの有限な変換は無限小変換の積み重ねとして表現できるのである。

　上にハミルトンの正準方程式と同じ形と書いたが，じっさい無限小変換からハミルトンの正準方程式を導くことができる。

　上の式において，微小量 ε を微小な時間変換 dt とし，δ を d に書き換えると，

$$\begin{cases} dq_r = dt \dfrac{\partial S(q,p)}{\partial p_r} \\ dp_r = -dt \dfrac{\partial S(q,p)}{\partial q_r} \end{cases} \quad (r=1,2,\cdots,f)$$

を得る。母関数 S をハミルトニアン H に取れば，

$$\begin{cases} \dfrac{dq_r}{dt} = \dfrac{\partial H(q,p)}{\partial p_r} \\ \dfrac{dp_r}{dt} = -\dfrac{\partial H(q,p)}{\partial q_r} \end{cases} \quad (r=1,2,\cdots,f)$$

となり，めでたく正準方程式が導かれた。

　このことは，正準方程式に次のような重要な意味を与える。

> 「正準変数 q,p は，時刻 t と $t+dt$ の間に，母関数 $H(q,p)$ によって生成される無限小変換を受ける」

　以上のことを講義11で学んだポアソン括弧を使って考察してみよう。いま(ふたたび自由度1の系に戻り)，$F(q,p)$ を q と p の任意の関数

として，この F が無限小変換によって受ける変化を δF とすれば，
$$\delta F = \frac{\partial F}{\partial q}\delta q + \frac{\partial F}{\partial p}\delta p$$
$$= \varepsilon\left(\frac{\partial F}{\partial q}\frac{\partial S}{\partial p} - \frac{\partial F}{\partial p}\frac{\partial S}{\partial q}\right)$$
ここで，（　）の中は F と S のポアソン括弧にほかならないから，
$$\delta F = \varepsilon(F, S)$$
つまり，ポアソン括弧 (F,S) は，F が無限小変換によって変わる割合を示している．ε を $\mathrm{d}t$ とし，δ を d，そして母関数 S としてハミルトニアン H を取れば，
$$\frac{\mathrm{d}F}{\mathrm{d}t} = (F, H)$$
となって，講義 11（150 ページ）で導いたものと同じ式を得る．もちろん，ここから正準方程式も導けるわけである．

演習問題 12-2

自由度1の質点の運動を1次元の座標 q で表わす。この座標系を無限小(微小な距離 ε)だけ平行移動させる変換の母関数を求めよ。

図12-1

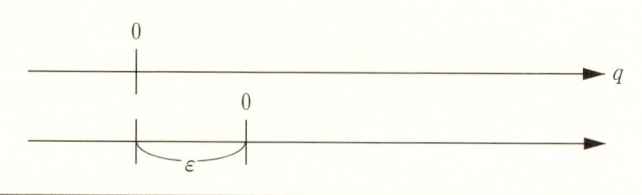

解答&解説

質点の座標を q, 運動量を p としたとき, 無限小正準変換の変換式は, 母関数を S, 微小な定数を ε として,

$$\begin{cases} \delta q = \varepsilon \dfrac{\partial S}{\partial p} \\ \delta p = -\varepsilon \dfrac{\partial S}{\partial q} \end{cases}$$

であるが, この間の座標の変化 δq は ε である。また, 座標を平行移動しても質点の運動量は不変だから, $\delta q=0$ である。よって,

$$\begin{cases} \dfrac{\mathrm{d}S}{\partial p} = 1 \\ \dfrac{\partial S}{\partial q} = 0 \end{cases}$$

上記の条件をみたす(1つの)母関数 S は,

$$S = p$$

である。

すなわち,

「座標の平行移動を生み出す無限小変換の母関数は運動量である。」

これは, 3次元空間になっても, また自由度 f の質点系へ拡張しても同様である。◆

演習問題 12-3

2次元平面に取った座標系 (x, y) において，無限小の回転を生み出す母関数を求めよ。

図12-2●

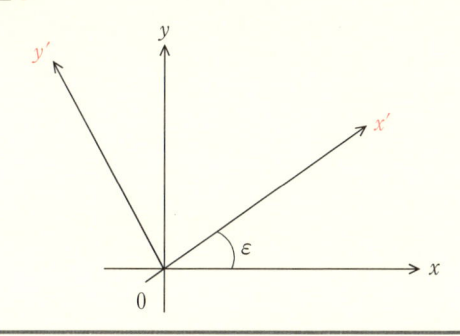

解答 & 解説

座標系 x–y を微小な角度 ε だけ回転させた座標系を x'–y' とする。このとき，2つの座標系の関係は，

$$\begin{cases} x' = x\cos\varepsilon + y\sin\varepsilon \\ y' = -x\sin\varepsilon + y\cos\varepsilon \end{cases}$$

である。

ε が微小であるなら，$\cos\varepsilon = 1, \sin\varepsilon = \varepsilon$ とおけるから，

$$\begin{cases} x' = x + \varepsilon y \\ y' = -\varepsilon x + y \end{cases}$$

図12-3●

すなわち，

$$\begin{cases} \delta x \equiv x' - x = \varepsilon y \\ \delta y \equiv y' - y = -\varepsilon x \end{cases}$$

また，運動量 p_x と p_y の変化は，上の結果を使って，

$$\begin{cases} \delta p_x \equiv m(\dot{x}' - \dot{x}) = m \cdot \varepsilon \dot{y} = \varepsilon p_y \\ \delta p_y \equiv m(\dot{y}' - \dot{y}) = -m \cdot \varepsilon \dot{x} = -\varepsilon p_x \end{cases}$$

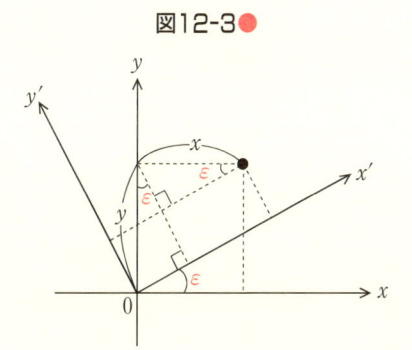

母関数を S として，自由度 2 の無限小変換の式は，

$$\delta x = \varepsilon \frac{\partial S}{\partial p_x}, \quad \delta y = \varepsilon \frac{\partial S}{\partial p_y}, \quad \delta p_x = -\varepsilon \frac{\partial S}{\partial x}, \quad \delta p_y = -\varepsilon \frac{\partial S}{\partial y}$$

であるから，

$$\frac{\partial S}{\partial p_x} = y, \quad \frac{\partial S}{\partial p_y} = -x, \quad \frac{\partial S}{\partial x} = -p_y, \quad \frac{\partial S}{\partial y} = p_x$$

上の条件をみたす母関数 $S(x, y, p_x, p_y)$（の1つ）は，

$$S = yp_x - xp_y$$

とすればよいことが分かる。

上の S の値は，3次元空間 x-y-z を考えたときの，角運動量の z 成分である。つまり，

「無限小回転という正準変換を生み出す母関数は，角運動量である。」

これは3次元空間，さらには自由度 f の質点系に拡張しても同様。◆

●量子力学への道

無限小変換の微小量 ε を時間 dt にすると，その母関数はハミルトニアン H になることを上でみた。これはきわめて興味深いことである。

演習問題で取り扱った無限小の平行移動と回転も含めて，これらをまとめると次のようである。

変換	母関数
位置 x	運動量 p
回転 φ	角運動量 L
時間 t	ハミルトニアン H（＝エネルギー E）

上の変換と母関数の対応は，量子力学においては互いに相補的な物理量を表わしている。すなわち，それぞれの量の間には不確定性関係があって，両者を同時に確定することができない。

何が原因で何が結果であるかを決めることはそう簡単ではないが，正準変換の理論は，大袈裟な言い方ではあるが，量子力学的世界を予言し

ていたことになる。

　解析力学はニュートン力学に比べて数学的かつ抽象的な理論であるが，そのことがより本質的な量子力学への道標となったのだと考えると，物理学と数学の関係はじつに興味深いものだといえるだろう。

　さて，ハミルトニアン H による時間変換について，もう少し考察してみよう。

●リュウヴィルの定理

　これまで，1次元の調和振動子などを例にみてきた正準変換は，とくに強調はしなかったが，デカルト座標から球座標への変換などのように，対象としている系をみる座標系の変換であった。そして，それらの変換において積分不変式というものがあって，座標変換後も位相空間の面積が変わらないということをみてきたのだった。思い出していただくために式を書けば，たとえば講義11(140ページ)で，

$$\oint_C p\delta q = \oint_{C'} P\delta Q$$

のような不変式を扱った。

　これらの変換の多くは，無限小変換を空間に加えて導くことができる。

　それでは時間に関する無限小変換はどうかといえば，まったく同様にハミルトニアン H を母関数として導けるのである。

　そこで，いま分かりやすく自由度1の位相空間 (q,p) を考え，それが時間とともに変化していく様子をみるために，時間軸 t を (q,p) 平面に垂直にとることにする。

　このような位相空間＋時間軸という3次元空間を考えれば，系を代表する点は，図のように立体的な曲線

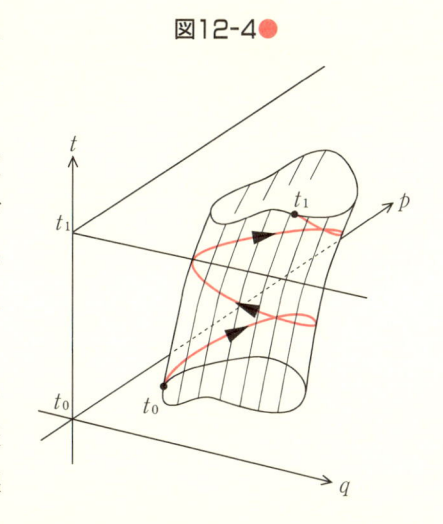

図12-4●

を描いていくことになる。ここで重要なことは，時間変換においても正準性が保たれるのであるから，時刻 t で位相空間に描かれた積分不変量は，時刻 $t+dt$ においても不変量であり，けっきょく，有限の時間の変化にともない，不変量の形は変化してもその面積は不変に保たれるということになる。

これはちょうど，伸び縮みのない非圧縮性流体が，形を変えながら流れていくとき，その断面の面積が不変に保たれるのと同じ状況である。流体力学で**リュウヴィルの定理**としてつとに有名な定理である。

●おわりに

どの学問分野もそうであるが，その分野に終わりというものはない。われわれがたどってきた道は，解析力学のいわば踏みならされたメイン・ストリートといっていいだろう。迷路のように入り組んだ路地が，そこかしこにあることも事実である。しかし，はじめて外国の都市を旅する人にとっては，細かい路地よりも，まずは大通りと東西南北の位置関係を理解せねばならない。本書は，そのような初学者向けのガイド本である。ここまで読破された読者の方々は，解析力学という未知なる異国の都市が，意外と親しみの湧く面白い街並みであることを，ある程度，実感していただけたのではないだろうか。もしそうであれば，たんに単位を取るだけのためではなく，さらなる知的好奇心でもって探求を続けていただくことを期待して，このあたりで終講としよう。

APPENDIX 付録

やさしい数学の手引き

　解析力学は，物理学のさまざまな領域の中でも，もっとも数学を駆使する分野だと思われているし，またじっさいそうでもあるのだが，じつは講義01にも書いたように，そのほとんどは偏微分の基本的な知識で十分理解できるのである。

　この付録では，本書で使っているそうした数学の基本を，厳密さというよりは直観的なイメージを重視して，できるだけやさしく解説する。

　内容的には，本シリーズ他書の付録と重複するところもあるので，電磁気学や熱力学をすでに学ばれている人は，必要な箇所だけを「つまみ食い」していただくだけでもよいだろう。

●付録1　微分の考え方

　微分の神髄は，線形性にある。

図A-1●

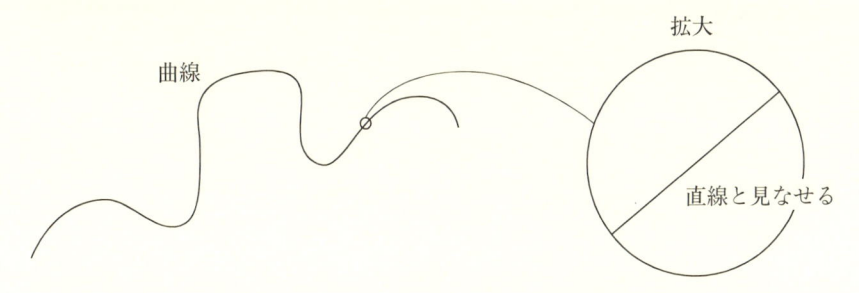

曲線　　　　　　　　　　　　　　　拡大

　　　　　　　　　　　　　　　　　直線と見なせる

　線形とは，読んで字のごとく，直線という意味である。つまり，どんなにくねくねとした曲線でも，微小な部分を拡大してみれば直線にみえるという直観的イメージを，極限操作を使って数学的に定式化したもの

が微分である。

図A-2

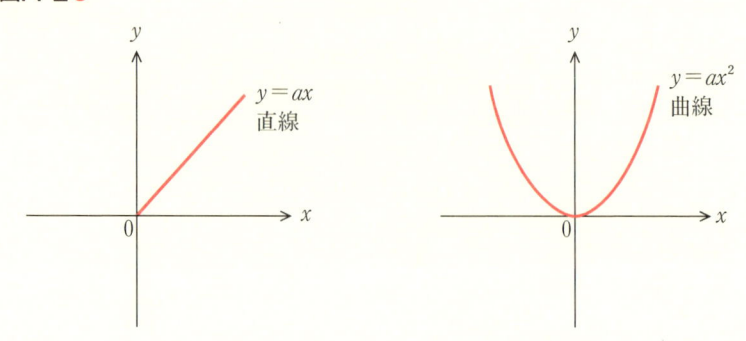

$y = ax$ 直線

$y = ax^2$ 曲線

　図でいえば直線，式で書けばそれは1次式を意味する。中学校の数学で学ぶ，$y = ax$ と $y = ax^2$ のグラフを比べてみれば一目瞭然であろう。直線の式は x の1次式である。それに対して，曲線の式は x^2 や x^3 など，x の1次ではない項が含まれる。

　曲線を直線と見なせば，必ず誤差が生じる。それを数式で表わせば，曲線の式は必ず x の1次以外の項が出てくるということである。たとえば，$(1.01)^2$ の計算を次のように1と0.1に分けて計算してみよう。

$$(1+0.01)^2 = 1 + 2 \times 0.01 + (0.01)^2$$
$$= 1.0201$$

　結果をみたとき，1に対して0.02は小さいけれど無視しない(無視すると，何のための計算か意味がなくなってしまう)。しかし，0.0001は無視しよう。これが微分の考え方である。

　なぜ，0.02は無視せず，0.0001は無視するのか。それは，0.01を dx と書き換えてみるとよく分かる。上の計算は，

$$(1+dx)^2 = 1 + 2dx + (dx)^2$$

となる。ここで，1に比べて微小な量 dx に着目すると，右辺の第2項は dx の1次式であるのに対して，第3項は2次式である(これを2次の微小量と呼ぶ)。線形性を微分の原理とするなら，第3項は線形性を逸脱しているから，当然無視しなければならない。じっさい，そのようにすれば計算は便利になり，かつ困ることは何もない。

もちろん，有限の数を扱う限りは，以上の議論は近似であって，正確ではない。1万札1枚と100円玉2個と1円玉1個があるとき，1円玉1個はどうでもいいようではあるが，商品の値段が10201円であるなら，1円玉なしにはその商品は買えない。

　そこで，この1円を限りなく小さく0円に近づけていく。そうした操作をどのような数学的テクニックでおこなうかは，数学の問題である。物理の現場では，あまりそういうことにこだわらない。1万円相当の商品を扱うときは，1円くらいはおまけしましょうというのが物理屋の精神である（ただし，そういう小さな誤差から新しい物理学が生まれてくることもあるから，その見極めはむずかしい）。

図A-3●

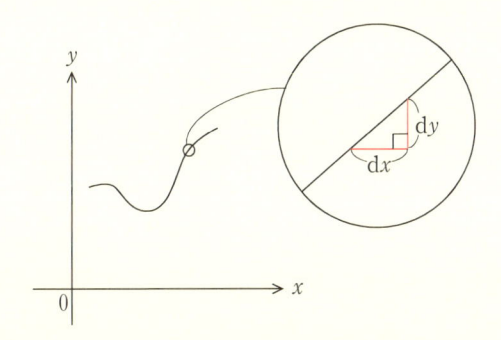

　さて，そんなわけだから，y が x の任意の関数として与えられたとき，微小部分をみれば，y のグラフは直線であり，x の微小な変化分 dx に対する y の変化 dy は，直線の式 $y = ax$ と同様，

$$dy = a\,dx$$

の形に書かれねばならない。ここで a は直線の傾き $\left(\dfrac{高さ}{底辺}\right)$ を表わすが，この微小な部分ではなく，別の微小な部分をみれば，当然，直線の傾きは a と同じではないはずである。だから，a は x の広い範囲では定数とはいえず，それは x の関数となるはずである。そこで，それを $y'(x)$ と書けば，

$$dy = y'(x)\,dx$$

あるいは，

$$y'(x) = \frac{dy}{dx}$$

となる。y' は関数 y の**微分係数**，あるいは**導関数**と呼ばれ，また y' を求めることを，y を x で微分するなどという（もちろん，微分ができない関数もたくさんあるが，ここではそういう議論はしない）。

名称などよりもっと大事なことは，上の式に現れる dx や dy という記号は，微小な量を表わすということをのぞけば，たんなる数（変数）であるということを理解することである。

それゆえ，たとえば，次のような式の変形は自在にやってよい。

$$\frac{dy}{dx} = \frac{1}{\frac{dx}{dy}}$$

$$\frac{dy}{dx} = \frac{dy}{dt} \cdot \frac{dt}{dx}$$

これに対して，後で述べる偏微分では，$\frac{\partial y}{\partial x}$ はワンセットで切り離すことができない。$\frac{\partial}{\partial x}$ は意味を持つが，∂x や ∂y など，単独では意味がない。

さまざまな関数の導関数を列挙することは，この付録の目的ではないので，必要に応じて数学公式集などを参照いただきたい。

積の微分公式

次の積の微分公式は簡単ではあるが重要である。というのも，これは積分においては部分積分法という強力な武器となるし，講義 08 に登場するルジャンドル変換もまた，基本的にはこの公式の応用だからである。
$x(t)$ と $y(t)$ を，変数 t の任意の関数とするとき，

$$\frac{d}{dt}(xy) = \frac{dx}{dt} \cdot y + x \cdot \frac{dy}{dt}$$

あるいは，分母の t を約して，

$$d(xy) = dx \cdot y + x \cdot dy$$

と書いても同じである。証明は簡単なので，各自おまかせする(「単位が取れる熱力学ノート」付録参照)。

●付録2　解析力学における積分

ここでは積分の一般論は略す。式の操作からいえば，積分は微分の逆操作と見なしておけばよい。たとえば，変数を x，その微小変位を dx として，

$$\int dx$$

なる積分を考える。これは値 $1(=$ 一定$)$ の積分だから，図でいえば，$1 \times dx$ なる微小長方形の足し合わせで，$1 \times x = x$ である。

図A-4●

図A-5●

$$\int dx = x$$

つまり，あたりまえのことであるが，x の微分は dx，その dx を積分すれば x に戻るということである。

以上は**不定積分**。積分の範囲を x_0 から x_1 と具体的に指定すれば**定積分**となり，

$$\int_{x_0}^{x_1} dx = [x]_{x_0}^{x_1} = x_1 - x_0$$

である。不定積分の結果(**原始関数**)は x の関数であるが，定積分の結果はもちろんある定まった数(定数)である。

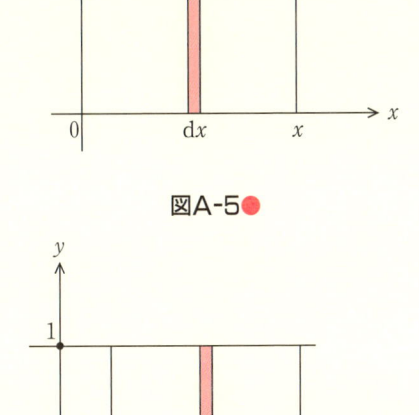

部分積分法

以上のことを，x の2つの関数 $f(x), g(x)$ の積に適用してみる。

まず，積の微分公式から，

$$\frac{\mathrm{d}}{\mathrm{d}x}(f \cdot g) = \frac{\mathrm{d}f}{\mathrm{d}x} \cdot g + f \cdot \frac{\mathrm{d}g}{\mathrm{d}x}$$

この両辺を積分してみる(不定積分)。

$$\int \frac{\mathrm{d}}{\mathrm{d}x}(f \cdot g)\mathrm{d}x = \int f' \cdot g \mathrm{d}x + \int f \cdot g' \mathrm{d}x$$

ただし,f' と g' は,それぞれ $\frac{\mathrm{d}f}{\mathrm{d}x}, \frac{\mathrm{d}g}{\mathrm{d}x}$ のことである。そうすると,式の左辺は,はじめにある分母の $\mathrm{d}x$ とうしろの $\mathrm{d}x$ が消えて($\mathrm{d}x$ は,ふつうの数と同じように扱える!),

$$\int \frac{\mathrm{d}}{\mathrm{d}x}(f \cdot g)\mathrm{d}x = \int \mathrm{d}(f \cdot g) = (f \cdot g)$$

となる。そこで,右辺の第1項でも第2項でも同じことだが,関数 f と g は既知で,そのどちらかの微分ともう1つの積,すなわち,$f'g$ なる関数の積分が未知でそれを知りたいときは,

$$\int f' \cdot g \mathrm{d}x = (f \cdot g) - \int f \cdot g' \mathrm{d}x$$

となり,$f \cdot g'$ の積分が既知であるなら,右辺は既知のものばかりだから,知りたい積分が求まることになる。これが部分積分法である。

定積分の形で書いておくなら,

$$\int_{x_0}^{x_1} f' \cdot g \mathrm{d}x = [f \cdot g]_{x_0}^{x_1} - \int f \cdot g' \mathrm{d}x$$

よって,部分積分法は,「積の微分公式」の積分版だということになる。

解析力学にマイナス符号がよく出てくる理由

ところで,この「積の微分公式」と「部分積分法」が解析力学ではいたるところに登場する。たとえば,講義05 ハミルトンの原理(56ページ)で,

$$\int_{t_0}^{t_1} m\dot{x}(\delta x)\mathrm{d}t = [m\dot{x}\delta x]_{t_0}^{t_1} - \int_{t_0}^{t_1} m\ddot{x}\delta x \mathrm{d}t$$

というふうに使って,右辺第2項の $m\ddot{x}$ を運動方程式から力 F に置き換えた。右辺第1項の定数部分が0になるのがミソである。

あるいは，ラグランジアン L からハミルトニアン H を導入するとき，
$$H = \sum p_r \dot{q}_r - L$$
なる式を用いる(107 ページ)が，これはルジャンドル変換の応用で，ルジャンドル変換がまた積の微分公式の応用なのである．

積の微分公式にしろ部分積分法にしろ，形式はすべて同じである．つまり，
$$A = b + C$$
という恒等的な関係があって，b が未知数であるなら，
$$b = A - C$$
となり，必ず求めるものは引き算になる．これが，解析力学の公式のいたるところにマイナスが姿を現す理由である(ラグランジアン L が $T - U$ となるのは，また別の理由である(講義 04，46 ページ))．

ストークスの定理

解析力学に登場する積分に，もう 1 つストークスの定理がある(講義 11)．いわゆる 1 周の線積分を面積積分に直す定理だが，その計算は本文に示したので(演習問題 11-1)，ここでは枝葉末節ながら，線積分の方向の問題だけに触れておこう．

物理では，慣習的に回転については，反時計回りを正方向とする．これは，座標系の取り方と関係していて，x-y 平面で反時計回りの回転をしたときに，右ねじの規則に従ってねじが進む方向を z 軸と取る．これが右手系である．

しかしながら，この回転方向に従って関数 y を 1 周させて積分すると，その値は負になる．
$$\oint_C y \mathrm{d}x < 0$$
もちろん，これはどの関数をどう積分するかによるわけで，

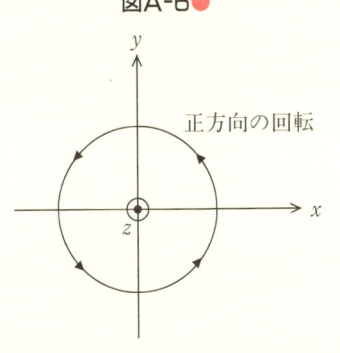

図A-6●

正方向の回転

$$\oint_C x\,dy$$

なら，正である。これは，x と y を入れ替えたものだが，x と y を入れ替えるということは，右手系を左手系に変えることを意味するのだから，当然の結果である。

図A-7

しかし，この積分を電磁気学などで用いるベクトル $\boldsymbol{A}$ と演算子 ∇ で表現すると，

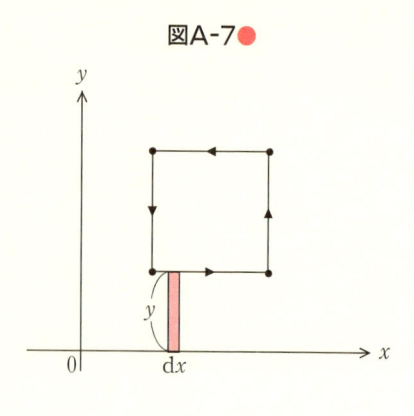

$$\oint_C \boldsymbol{A}\cdot d\boldsymbol{s} = \iint_S (\nabla \times \boldsymbol{A})\,dS$$

となって，負号は表に出てこない(その理由は，各自試されたし)。

ところで，本文で扱った1次元調和振動子(単振動)の例で考えると，系の位相空間でのトラジェクトリは時計回りになる。それゆえ，1周積分の値は正である。q 軸を x 軸，p 軸を y 軸に対応させるかぎり，現実の力学系のトラジェクトリが反時計回りになることはない。

それは，図のように位相空間における系の代表点 A, B, C, D を取り出してみれば分かる。たとえば，点 A は変位 0 で運動量(速度)が正であるが，速度が正であるかぎり，質点は変位 0 から正方向に動く。逆に，点 C では運動量(速度)が負であるから，質点は変位 0 から負方向に動く。また，点 B と点 D での動きは，図のようにならざるをえない。よって，トラジェクトリの時間変化は右回転である。

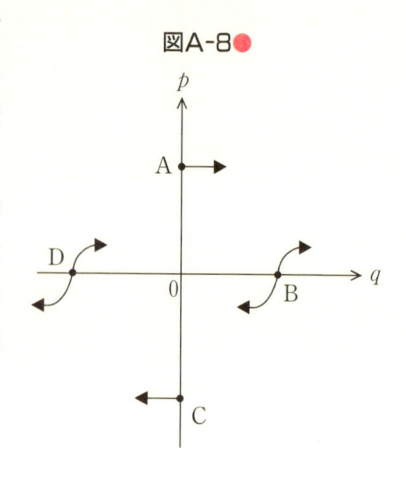

図A-8

正準変換では，q と p はたんなる変数で，位置や運動量という意味を失うから，上の議論は成り立たないように思えるが，右手系から左手系に変わる変換，

や
$$\begin{cases} Q = q \\ P = -p \end{cases}$$

$$\begin{cases} Q = p \\ P = q \end{cases}$$

などは，正準変換とはならない。

●付録3　偏微分

全微分と偏微分

　解析力学においてもっとも頻繁に登場する数学は，偏微分である。しかし，講義01でも述べたように，解析力学の入門コースで必要となる偏微分の知識はごく基本的なものだけである。極論すれば，偏微分と全微分の違いさえ把握しておけばよいのである。

　たとえば，F が2変数 x と y の関数，
$$F = F(x, y)$$
であるとする。このとき F の変化は，当然，x の変化と y の変化の両方で決まるわけだが，x が $x+dx$ だけ変化し，y が $y+dy$ だけ変化したとすると，そのときの F の変化 dF は，

$$dF = \frac{\partial F}{\partial x}dx + \frac{\partial F}{\partial y}dy$$

となる(なぜそうなるかを，以下で説明する)。この dF を F の**全微分**と呼ぶ(記号 d を付けた量はすべて全微分である。1変数のときは，微分といえばそれしかないから全微分とは呼ばないが，やはり全微分である)。

　上の式は，F の全微分 dF は，x 方向の偏微分 $\frac{\partial F}{\partial x} \cdot dx$ と y 方向の偏微分 $\frac{\partial F}{\partial y} \cdot dy$ を足したものであるということをいっている。
　$\frac{\partial F}{\partial x} \cdot dx$ の意味を考えてみよう。$\frac{\partial F}{\partial x}$ は，1変数 x の関数であるときの $\frac{dF}{dx}$ と同じように，$\frac{高さ}{底辺}$ で F の傾きを表わしている。ただ，記号を d ではなく ∂ とする意味は，この傾きは y の値を固定して測るとい

図A-9

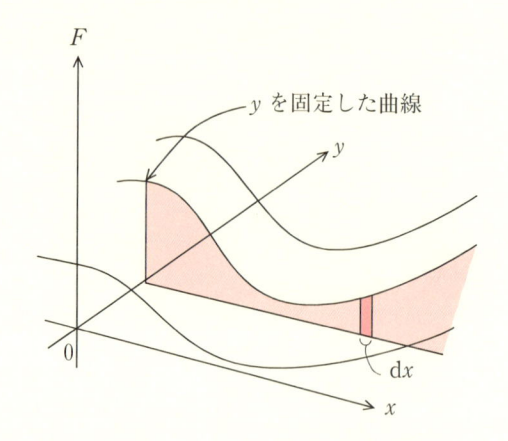

うことを示している（図 A-9）。つまり，$\dfrac{\partial F}{\partial x}$ は，他の（一般にたくさんの）変数はすべて固定し，x だけ変化させたときの F の傾きを示す。それゆえ，分子の ∂F だけを切り離して一人歩きさせるわけにはいかない。∂F だけでは，どの変数を固定しているかが明らかでないからである。これが，記号 $\dfrac{\partial}{\partial}$ はつねに分母分子を一緒に扱う理由である。

記号 $\dfrac{\partial}{\partial x}$ を単独で使うことは許される。なぜなら，この記号の意味は，x 以外の変数はすべて固定し，x 方向だけに変化させるということがはっきりしているからである。足りないのは，いかなる関数についてそれをおこなうのかということだけである。

図A-10

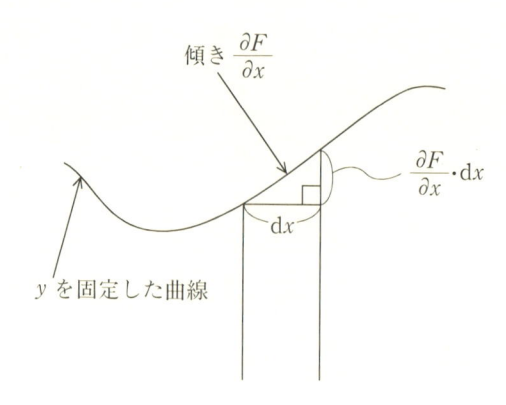

傾き $\dfrac{\partial F}{\partial x}$

$\dfrac{\partial F}{\partial x} \cdot \mathrm{d}x$

$\mathrm{d}x$

y を固定した曲線

そこで，$\frac{\partial F}{\partial x} \cdot dx$ は，「傾き $\times x$ の微小変化」だから，y を固定し x を dx だけ変化させたときの F の変化分ということになる。これは，y を変化させた分を含んでいないから，F の全微分ではない。

x を固定したときの F の変化も同様にして求まる。すなわち，それは $\frac{\partial F}{\partial y} \cdot dy$ である。

あとは，なぜ F の全微分 dF が，これらの偏微分の和になるのかという点だけである。

その理由は，微分の線形性である。

図A-11

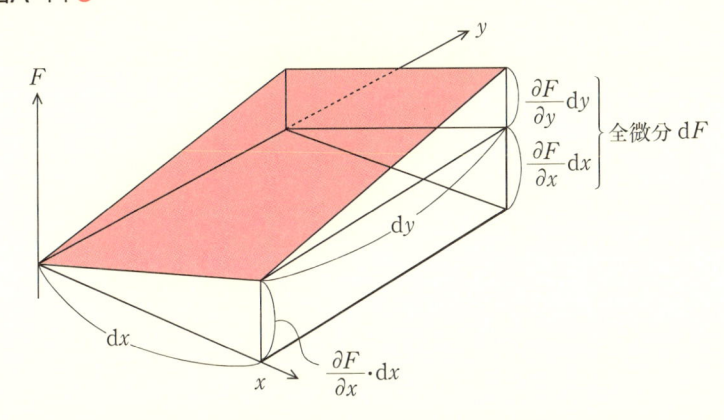

微小部分，dx, dy をみれば，F の変化はいずれも直線的である。すなわち，F が2変数 x と y の関数であれば，F は x-y 平面上の曲面として表現できるが，変化が直線的であれば，図のように(ガラス板のような)平面になる。それゆえ，F の全体の変化 dF は，x 方向の偏微分と y 方向の偏微分の和となることは，図より明らかであろう。

変数をいくら増やしても，考え方は同じであるから，関数 F が n 個の変数，$x_1, x_2, \ldots, x_n$ の関数であるとき，その全微分(すべての変数を微小変化させたときの F の変化) dF は，

$$dF = \sum_{i=1}^{n} \frac{\partial F}{\partial x_i} dx_i$$

と書けることになる。

変数の「入れ子」構造

　解析力学で注意しなければならないことは，変数がたんなるパラメーターではなく，別の変数の関数になっているといういわば「入れ子」構造になっていることがしばしばあることである．たとえば，ハミルトニアン H は，
$$H = (q_1, \cdots, q_f, p_1, \cdots, p_f, t)$$
というふうに，変数 q と p，さらに一般には時間 t の関数であるが，それぞれの q, p が，
$$\begin{cases} q_r = q_r(t) \\ p_r = p_r(t) \end{cases} \quad (r = 1, 2, \cdots, f)$$
というふうに時間 t の関数になっている．

　そこで，すべての q, p を時間 t の関数として表わしてしまえば，けっきょくハミルトニアン H は時間 t という 1 変数の関数ということになってしまう．

　たとえば，ラグランジアン L の作用積分を具体的に計算しようとするなら，作用積分は時間に関する積分だから，L を t だけの関数として表わさなければならない．あるいは，そのように表わすことができる．

　しかし，ラグランジュの方程式を立てて，そこから運動方程式を求めるときには，ラグランジアン L は q と $\dot{q}$ の関数として表わさなければいけない．このとき，$\dot{q}$ は q によって決まるから，いわば三重構造になっているのだが，あくまで q と $\dot{q}$ を独立な 2 つの変数(自由度 f なら $2f$ 個の変数)と見なすのである．

　これは，ラグランジアン L は q と $\dot{q}$ の 2 つの変数を使って数式化できるということであり，その中に時間 t は陽には含まれないということを意味する．一般にはラグランジアン L は，$q, \dot{q}$ 以外に時間 t の関数でもあるが，この t は q や $\dot{q}$ の中に陰に含まれている時間 t とは別扱いである．

索引
INDEX

ア
位相空間　120
オイラー＝ラグランジュの方程式　73

カ
解析力学　6
仮想仕事の原理　18
仮想変位　17
原始関数　168
広義座標　62
恒等変換　153

サ
最小作用の原理　43
座標
　　循環——　87
　　広義——　62
作用　43
　　——積分　43
質点系　25
自由度　78
循環座標　87
ストークスの定理　169
正準
　　——変換　126
　　——変換群　135
　　——変数　108
　　——方程式　108
全微分　172
束縛条件　20
束縛力　17

タ
ダランベールの原理　32

（右段）
定積分　168
停留値　71
導関数　166
トラジェクトリ　121

ハ
ハミルトニアン　12, 108
ハミルトン
　　——の原理　56
　　——の方程式　11, 108
微分係数　166
不定積分　168
部分積分法　168
偏微分　15, 172
変分原理　58
ポアソン括弧　147
母関数　128

マ
無限小変換　152
　　——の母関数　155

ラ
ラグランジアン　8, 48
ラグランジュ
　　——括弧　141
　　——の方程式　7, 69, 83
　　——の未定乗数法　21
リュウヴィルの定理　162
量子力学　14, 161
ルジャンドル変換　103

著者紹介

橋元 淳一郎(はしもとじゅんいちろう)

1971年 京都大学理学部物理学科修士課程修了
現　在　相愛大学人文学部教授

NDC 423　175 p　21 cm

単位が取れるシリーズ
単位が取れる解析力学ノート

2009年4月10日　第1刷発行

著　者	橋元 淳一郎(はしもとじゅんいちろう)
発行者	鈴木　哲
発行所	株式会社　講談社
	〒112-8001　東京都文京区音羽2-12-21
	販売部　(03)5395-3522
	業務部　(03)5395-3615
編　集	株式会社　講談社サイエンティフィク
	代表　柳田和哉
	〒162-0814　東京都新宿区新小川町9-25　日商ビル
	編集部　(03)3235-3701
印刷所	豊国印刷株式会社
製本所	株式会社国宝社

落丁本・乱丁本は、購入書店名を明記のうえ、講談社業務部宛にお送りください。送料小社負担にてお取り替えします。
なお、この本の内容についてのお問い合わせは講談社サイエンティフィク編集部宛にお願いいたします。
定価はカバーに表示してあります。

©Junichiro Hashimoto, 2009

JCLS 〈(株)日本著作出版権管理システム委託出版物〉
本書の無断複写は著作権法上での例外を除き禁じられています。複写される場合は、その都度事前に(株)日本著作出版権管理システム(電話 03-3817-5670、FAX 03-3815-8199)の許諾を得てください。

Printed in Japan

ISBN978-4-06-154475-8